データフローダイアグラム

いにしえの技術がもたらすシステム設計の可能性

大嶋 和幸、松永 守峰 著

Possibilities in system design brought by traditional technology

本書内容に関するお問い合わせについて

このたびは翔泳社の書籍をお買い上げいただき、誠にありがとうございます。弊社では、読者の皆様からのお問い合わせに適切に対応させていただくため、以下のガイドラインへのご協力をお願いしております。下記項目をお読みいただき、手順に従ってお問い合わせください。

● お問い合わせされる前に

弊社Webサイトの「正誤表」をご参照ください。これまでに判明した正誤や追加情報を掲載しています。

正誤表　https://www.shoeisha.co.jp/book/errata/

● お問い合わせ方法

弊社Webサイトの「書籍に関するお問い合わせ」をご利用ください。

書籍に関するお問い合わせ　https://www.shoeisha.co.jp/book/qa/

インターネットをご利用でない場合は、FAXまたは郵便にて、下記“(株) 翔泳社 愛読者サービスセンター”までお問い合わせください。
電話でのお問い合わせは、お受けしておりません。

● 回答について

回答は、お問い合わせいただいた手段によってご返事申し上げます。お問い合わせの内容によっては、回答に数日ないしはそれ以上の期間を要する場合があります。

● お問い合わせに際してのご注意

本書の対象を超えるもの、記述個所を特定されないもの、また読者固有の環境に起因するお問い合わせ等にはお答えできませんので、予めご了承ください。

● 郵便物送付先およびFAX番号

送付先住所　〒160-0006　東京都新宿区舟町5
FAX番号　03-5362-3818
宛先　(株) 翔泳社 愛読者サービスセンター

※本書に記載されたURL等は予告なく変更される場合があります。
※本書の対象に関する詳細は004ページをご参照ください。
※本書の出版にあたっては正確な記述につとめていますが、著者および株式会社翔泳社のいずれも、本書の内容に対してなんらかの保証をするものではなく、内容やサンプルに基づくいかなる運用結果に関してもいっさいの責任を負いません。
※本書に掲載されているサンプルプログラムやスクリプト、および実行結果を記した画面イメージなどは、特定の設定に基づいた環境にて再現される一例です。

本書を手にとっていただいた方へ

「入力、処理、出力の記号を、データが流れる向きに従って矢印でつないだ図」

データフローダイアグラム（DFD：Data Flow Diagram）とは、極論してしまうと、たったこれだけのものです。そんなDFDをテーマに200ページを超える1冊の本を書きあげようという、ある意味無謀な試みに挑戦しました。その背景には、コンピュータシステムに対して利用側、構築側の双方から関与する経験の中で、DFDに対する「想い」が募っていたからです。

「システムトラブルや炎上プロジェクトに際し、DFDを描いて入出力を整理していれば、ヌケモレや影響範囲の理解が促され、トラブルを未然に防げたはずだ」
「データ基盤・データ分析基盤が盛り上がっているけれど、このブーム以前から存在しているETLツールのGUI設定画面の見た目はDFDそっくりだ」
「普段何気なく描いているSQLって、たくさんのテーブルからの入力から、ステップを踏んで1つの出力を生成しているの、単純化するとDFDだよね。もっと言うと、SQL実行計画のGUI表示機能を持つツール、あれはまさにDFDだよね」

でも、この想いがなかなか共有できません。なぜなら、DFD自体を知らない人が増えたから。DFDは消滅の危機にあるのでしょうか。これはもったいない。そうした想いを共有した同僚とともに、DFDのベーシックな解説に加え、業務分析から設計までDFDを描き起こしていく物語調の事例、さらに、現代のシステムへの応用をテーマとした本を書き起こすこととなりました。

かつてDFDを駆使していた方には、その懐かしい思い出を振り返るとともに、DFDのよさを再発見し、再び活用したり、同僚・後輩の方にも伝えたりしていただければ幸いです。さらに、本書で紹介されていない独自のDFD活用方法があれば、ぜひ公開していただき、DFDの可能性を広げる一助としていただければと思います。

全くはじめてDFDに触れる方、見聞きしたことはあるけれど……という方には、この本を通じてDFDの基礎を知り、応用のイメージをつかんでいただき、その魅力に気づいていただければうれしいです。

2025年3月　大嶋 和幸

本書の対象読者

● ITエンジニアやコンサルタントの方々

DFDは現状分析、要件定義、設計、開発、テスト、運用保守など、あらゆるフェーズで活用できるツールです。とくに、システム設計や要件定義といった上流工程に携わるソフトウェアエンジニアにとって、DFDの理解は業務の精度向上に役立ちます。

● データ解析や可視化を行うデータエンジニアの方々

DFDはデータフローの構造を整理し、分析プロセスを明確化するのに有効です。

● ITエンジニアと連携する非ITエンジニアの方々

DFDは業務の流れや要件を正しく伝えるだけでなく、伝えた内容が正しく理解されているかを確認する手段となり、認識の齟齬を減らすのに役立ちます。

システム開発プロジェクトでは、現状や要求仕様の認識齟齬がトラブルの原因となることが少なくありません。本書が、そうした認識齟齬を減らすコミュニケーションツールとしてDFDを活用する一助となれば幸いです。

本書の構成

本書では、データフローダイアグラム（DFD）について、基礎的な概念の説明から始め、実際のモデリング手法、具体的な事例、さらには応用的な活用方法まで、段階的に解説していきます。

第1章では、DFDの基本的な概念や記号、表記法について説明し、どのように情報を視覚化できるのかを学びます。また、DFDを用いたコミュニケーションの重要性についても触れ、狭義・広義のDFDの違いについて整理します。

第2章では、DFDをどのように描き進めるか、その基本的な手順を紹介します。階層化・詳細化の必要性や具体的な進め方を説明し、データフローやデータストアの具体化のポイントを学びます。

第3章では、実際にDFDを用いてシステムのモデリングを行う流れをストーリー形式で学びます。現状の物理・論理モデルを描き、将来のシステムを設計する流れを追うことで、DFDを用いた分析・設計のプロセスを疑似体験します。

第4章では、PCメーカーの基幹システムやデータ分析基盤など、具体的なシステムをDFDで表現する事例を紹介します。これにより、DFDをさまざまな種類のシステム設計に適用する方法を学びます。

第5章では、特定のテーマにDFDを応用する方法を解説します。SQLの視覚化、セキュリティ分析への応用、ロバストネス図への発展など、DFDの応用範囲の広がりを示します。

本書を通じて、DFDを使いこなし、システム設計や業務分析に役立てられるようになることを目指します。

Contents

はじめに

なぜ、いまさらデータフローダイアグラム（DFD）を語るのか

DFDの歴史と現状

データフローダイアグラム（DFD）は、1970年代のシステム分析・設計手法とともに広まったモデリング手法です。長い間、システムエンジニアやビジネスアナリストの間で愛用され、複雑なシステムを視覚的に整理し、理解するための重要なツールとされてきました。しかし、時代の流れとともに、新たな分析手法、設計手法が提唱され、多くの人々がDFDを「過去の遺物」としてみなしています。

表ⅰ：設計手法簡易年表

年	手法	概要
1970年代	DFD (Data Flow Diagram)	システムのデータフローを視覚的に表現するための図
1976年	SADT (Structured Analysis and Design Technique)	システムの構造を階層的に分析するための技法。ダグラス・T・ロスによって開発
1977年	ER図 (Entity Relationship Diagram)	データベース設計において、エンティティ間の関係を視覚的に表現する図。ピーター・チェンによって提案
1979年	『Structured Analysis and System Specification』刊行	トム・デマルコによるDFDを用いた構造化分析・設計手法の解説書
1980年代	DOA (Data Oriented Approach)	データを中心にシステムを分析・設計するアプローチ
1990年代初頭	OOA (Object Oriented Approach)	オブジェクト指向の概念をシステム分析・設計に適用するアプローチ
1997年	UML (Unified Modeling Language)	システムの設計と構築を統一的に表現するための標準化されたモデリング言語。オブジェクト管理グループ（OMG）によって策定
2004年	DDD (Domain Driven Design)	業務領域（ドメイン）に焦点を当てたソフトウェア設計の手法。エリック・エヴァンスによって提唱

実際に、筆者の周囲において、DFDという単語に対する反応は「知らない、聞いたこともない」「名前だけは知っている」「昔、使ったことがある」の3つのいずれかであることが大半でした。残念ながら、「いまも頻繁に使用している」という声は少数派でした。

「DFDのよいところ」を知っていて、現在も度々活用している筆者からすると、非常に残念でもったいない状況です。「最近の難しい手法を使用しなくても、シンプルに構造を表現できるツールがあるじゃないか」「DFDをしっかり描いておけば、そんなところの認識齟齬でつまずくことはなかったじゃないか」「最近はやりのデータ基盤、そのデータの流れって、DFDで描いたらスッキリまとまるじゃないか」。DFDをこのまま埋もれさせてしまうのは惜しい、そんな思いが今回この本を執筆するきっかけとなっています。

なぜ「名前だけは知っていた」？

ところで「名前だけは知っている」人たちは、なぜDFDの名前を知っていたのでしょうか。その多くは「情報処理技術者試験で出題されたから」という理由でした。システムインテグレータなど、顧客企業向けにシステムを受託開発する企業に所属する人や、これからITエンジニアという仕事を目指す人は情報技術の基本的な知識を習得するために、IPA（独立行政法人 情報処理推進機構）の「基本情報技術者試験」を受験するケースが多くあります。

筆者自身も学生時代に、基本情報処理技術者試験の前身である「第二種情報処理技術者試験」を受験して合格したことが、ITエンジニアとしてのキャリアをスタートするきっかけとなっています。

また、IPAはシステムを利用する側として、どのようなシステムを必要としているかの整理、つまり「要件定義」を行うにあたって、どのようなドキュメントを作成するべきかについても提唱しています。その中にもDFDはリストアップされていますので、実際にDFDを描いたり見たりしたことがないとしても、「ITエンジニアではないが、システム開発の発注にあたり、要件を整理していた人」も「名前だけは知っていた」中に含まれる可能性があります。

なぜ「使わない」のか？　なぜ「使わなくなった」のか？

「昔、使ったことがある」人たちは、なぜ最近は使わなくなってしまったのでしょうか。「知らない、聞いたことがない」人は、かつてDFDで設計していたような作業をどうしているのでしょうか。

実態としては、技術・開発手法の進化とともに、新しいモデリング手法とツールが登場し、とって代わられています。

近年のシステム開発においては、Javaに代表される「オブジェクト指向」のプログラム言語によって開発を行うケースが大半となっています。そして、このオブジェクト指向で開発するための分析・設計のためのモデリング手法として、UML（Unified Modeling Language：統一モデリング言語）が使用されます。UMLには、静的な構造、動的な振る舞い、相互作用といったものを表現するさまざまなダイアグラムが含まれており、その目的に併せて使い分けることができます。とくにクラス図やシーケンス図は、オブジェクト指向の開発言語の実装をほぼそのまま表現することができ、設計ツールからソースコードへ、ソースコードから設計ツール上のモデルへ、といった相互の自動生成機能が進化し、ドキュメンテーションの負担を軽減することに寄与してきました。

また、システム開発プロセスにも変化がありました。

システム全体の大きな枠組みを要件定義、設計、開発、テスト、リリースと一方向に向かって進める「ウォーターフォールモデル」は、いまも多くの現場で用いられてはいますが、「アジャイル開発」を採用する現場が増えています。アジャイル開発では、開発対象を細分化して、この開発プロセスを「サイクル」としてすばやく回し、リリースされた機能について、実際に使用したユーザーからの意見要望といったフィードバックも取り込みながら進化させていきます。

アジャイル開発において重要な価値観を示した「アジャイルソフトウェア開発宣言 」に「包括的なドキュメントよりも動くソフトウェアを」という文言があります。これはドキュメント作成を不要とする話では決してないものの、要件定義や設計におけるドキュメンテーションに時間、コストを投入することを忌避する理由の一つになっており、「より少ないドキュメンテーション作業」「ソースコードとの乖離(かいり)が少ないドキュメンテーション」を重視するようになっています。

図 i：アジャイルソフトウェア開発宣言

私たちは、ソフトウェア開発の実践
あるいは実践を手助けをする活動を通じて、
よりよい開発方法を見つけだそうとしている。
この活動を通して、私たちは以下の価値に至った。

プロセスやツールよりも個人と対話を、
包括的なドキュメントよりも動くソフトウェアを、
契約交渉よりも顧客との協調を、
計画に従うことよりも変化への対応を、

価値とする。すなわち、左記のことがらに価値があることを
認めながらも、私たちは右記のことがらにより価値をおく。

https://agilemanifesto.org/iso/ja/manifesto.html

本編でも解説しますが、DFDは「構造化分析」とセットで用いられ、システム全体像からトップダウンで論理整合性をとりながら表現し、かつ、モデルだけでは表現できない部分は文章で仕様書を書き起こす、というのが伝統的な手法とされています。

これに対しUMLは、モデルだけでソースコードと乖離(かいり)が比較的少ない表現が可能であり、必ずしもトップダウンで段階的に詳細化する必要がなく、いま焦点を当てたい部分だけに絞って詳細に記述できるといった理由から、アジャイルな進め方と相性がよいとされています。

このような経緯から次第にDFDが使われなくなり、UMLでのモデリングが主流となってきていると考えられます。

すでにUMLを使用することが当たり前の時代になってからITエンジニアになった方も多くなってきているかと思います。そうした方には、DFDというモデリング手法を使ったことはなく、DFDという名前すら知らない、という状況であっても不思議ではありません。

まだまだ活かせるDFD

ここまで、DFDの衰退の経緯を語ってきました。読み返してみても、「アジャイルとUMLで、もうDFDは要らないじゃないか」と思える内容になっています。しかし、それでもあえていまDFDを取り上げるのは、次のようなDFDのよさを知っていただき、活かしてほしいからです。

- **複雑なシステムの可視化において、有用なモデリング手法であること**
- **DFDのエッセンスは、決して最近の手法と対立概念にはならないこと**
- **非ITエンジニアにとっても、DFD自体は比較的理解しやすいモデルであるため、コミュニケーションツールとして導入ハードルが低いこと**

ここからは、これらについてもう少し触れていきたいと思います。

複雑なシステムの可視化

現代のシステムは、ますます複雑化しています。多くの異なる技術やプラットフォームが相互に作用し、データがリアルタイムで流れる環境では、システムの全体像を把握することが困難になりがちです。現代的なシステムに限らず、古くから利用されてきたシステムは度重なる改修、機能拡張によって、やはり複雑化しがちです。DFDは、そのシンプルな構造と視覚的な表現を通じて、システムのデータフローを直感的に理解するための優れたツールです。とくに新しいメンバーがプロジェクトに参加するときや、異なる専門分野の間でコミュニケーションをとるときにその有用性は顕著です。

ここで、合併とシステム統合で非常に苦しんだことで有名な銀行のお話をしましょう[※1]。なかなか完成しないことで有名となった新システムではなく、その前に使用していたシステムでのエピソードです。このシステムは、2011年3月の東日本大震災の発生にともない、テレビ局が番組などを通じて行った「義援金への協力」の呼びかけをきっかけに、振り込みが殺到、取引明細の件数が勘定系システムで処理できる1日の上限値を超えたことから、大規模なシステム障害が発生しました。

※1 『みずほ銀行 システム統合 苦闘の19年史』(日経BP) より。

長きにわたって使用し続けていたシステムは、機能の追加・改修を繰り返し、肥大化・複雑化していました。また、その規模の大きさ故に、担当も細分化されていました。システムの全体像を把握できる人がおらず、どこの異常がどこに影響するかを把握することが難しい状態で、いわゆる「ITガバナンスの不全」と呼ばれる状態になっていました。

ITガバナンスを立て直すため、このトラブル以降1年にわたり再発防止策に取り組みましたが、この際に力を入れたのが「データフロー図※2」を作成することでした。

この取り組み以前においても、システム単位での仕様書、業務の流れを示す資料も作成されていましたが、データの流れに着目してシステム全体を貫くモデルを作成したのは、これがはじめてだったとのことです。役割分担が細分化され、知識が局所的にしか存在しない状態から、「組織全体としての知識」として昇華させることができたのです。

こうして作成したデータフロー図は、障害の原因となった「上限値」の設定箇所の特定や影響範囲の確認、エラー処理の強化といった障害発生予防にも役立っただけでなく、障害発生時の伝達体制においても、影響範囲や規模が速やかに把握できるようになり、関連部署や外部への連絡も円滑になったそうです。

この事例のように、「データフロー」に着目して可視化することができるDFDは、複雑化したシステムを分析して可視化し、システムの改善、障害対応、情報連携の強化につなげることができます。

オブジェクト指向分析・設計およびUMLとの関係

DFD以降、さまざまなモデリング手法、分析・設計手法が登場し、比較して優劣を語られるシーンも多いですが、完全に対立する概念ではなく、それぞれの特徴を理解し、それぞれの長所を活用すべく併用することで相乗効果を得られることもあります。

※2　厳密には、この本で解説する「DFD」とは異なる図解法で作成されているため、意図的に「データフロー図」という用語で記述している。その狙い、本質はDFDと同じであり、データがどのように流れ、処理されているかを可視化するものである。

たとえば、先ほども取り上げたUMLとの関係性について見てみましょう。

UMLは、オブジェクト指向の視点からシステムをモデリングし、クラス図、シーケンス図、ユースケース図など、複数の視点でシステムを表現します。これに対してDFDは、システム全体のデータフローに焦点を当てて、プロセスを経由してデータがどのように移動するかを視覚化します。また、DFDを用いた構造化分析のアプローチは、高次元のモデルから細分化しつつ、その次元を上下しながら整合性を担保していく手法です。

こうした特徴を踏まえて併用する場合、DFDでシステム全体のデータフローを俯瞰(ふかん)し、どのデータがどのプロセスを経由するのかを把握し、さらにプロセスを細分化した後、UMLを使って各プロセスの詳細設計を行うことで、システム全体の理解と詳細設計が統合され、設計の一貫性を向上させることができます。

また、DFDとUMLでそれぞれ異なる視点で分析・設計を行うため、多面的にチェックすることができ、一方の手法だけでは発見しにくい問題の発見につながります。

ユーザーストーリーの整理の段階において、UMLではユースケース図を用います。ユースケース図は、ユーザー（アクタ）とユースケースによって概観を表現するシンプルなモデルであるため、非ITエンジニアとのコミュニケーションに活用できますが、極めてシンプルである半面、動作・振る舞い、データ、依存関係などの表現が困難です。UMLに閉じてこれらの情報を補う場合、シーケンス図や状態遷移図などを併用するのが一般的ですが、これらのモデルは使い慣れていない、読み慣れていない人、さらには非ITエンジニアが理解するにはハードルが高くなります。

ここで、ユースケース図と同じくらいシンプルな構成要素で描くことができるDFDを用いると、非ITエンジニアの理解へのハードルを上げることなく、ユーザーの操作とそれにともなうデータフローを統合的に視覚化することができます。

シンプルな表現技法

業務であったり、顧客体験であったり、すでに実装されているシステムの処理といったものを極度に抽象化すると「何らかの情報を入力として、何らかの処理をして、生まれたものをどこかへ出力する」という構造にたどり着きます。そして、DFDはこれをそのまま表現することができます。それと同時に、出力されたデータが次のプロセスにつながっていない場合、「何のために生み出されたのか？　その処理は本当に必要だったのか？　わたしたちはこの処理やデータについて、正しく理解できているのか？」という疑問に気づくきっかけも与えてくれます。

DFDは「データ」「プロセス（処理）」「外部エンティティ」をデータフローを示す矢印でつなぐという、たった4つの要素で描くことができる、極めてシンプルな表現技法です。そのため、非ITエンジニアであっても読み取ることが容易です。また、自身の業務を「流れ」や「手続き」で覚えている業務担当者にとって、静的断面を表現するモデルよりも受け入れやすいでしょう。

こうした特徴は、コミュニケーションツールとして非常に有用です。システムの発注者やヒアリングに応じた業務担当者は、話をした内容がITエンジニアに正しく伝わったのか、正確に理解してもらえたのか、不安を抱えた状態になります。ITエンジニアが作成する設計書の内容が、ITエンジニアにしか理解できない体裁であった場合「実際に動くもの」が渡されてくるまで、確認する術がありません。こうした状況に対してとれるアプローチは「非ITエンジニアにも理解しやすいモデルを作って見せる」か「質のよいドキュメントを作成するよりも、とにかく動くものを早く作って見せる」か、となります。このうち、前者の手段としてDFDは非常に優れている、と言えるでしょう。後者の代表格がアジャイルであり、設計手法としてはドメイン駆動設計などが該当するでしょう。

多くの関係者、多くの開発者が関わる大規模システムの開発においては、アジャイル的アプローチがとりにくいことも多く、しっかりしたドキュメントを作成し、認識齟齬をなくしたうえで、次のステップに進む必要があります。とくに日本では、自社のシステム開発をシステムインテグレータなどの専門会社に委託することが一般的です。受託した会社も業務を細分化し、二次・三次受託者へ再委託することが多く、いわゆるゼネコン方式がとられています。開発プロセスには、ウォーターフォールモデルが採用されています。このことは長きにわたり賛否の議論が続いていますが、現実問題として、このような開発体制、商習慣が主流として継続しています。こうした体制である限り、各受発注者の間の依頼内容の認識齟齬、作業工程間の情報齟齬は、品質問題や開発遅延に直結する原因となるため、正確に表現されたドキュメントをよりどころとしたコミュニケーションが不可欠です。DFDを使ってモデリングすることで、システム全体を描き、必要とされる機能やデータストアを明確にし、そこから、受託者がそれぞれ担当する範囲を切り出して開発を進めることができます。これにより、担当者間で相互に情報連携する境界線も明確に示すことができます。自身が開発を担当している機能が、どこにどのように影響してくるかを把握することも容易になるのです。

イマドキのシステムとDFD

最近のシステムは、それ単体で完結することはほとんどなく、何らかの外部システムと連携して動作するものとなっています。それは自社内に存在するほかのシステムであったり、他社で提供されているサービスであったり、さまざまです。

また、1つのシステムの中を見ても、あえて小さく細分化して開発することが増えています。以前から「サブシステム」という名前で分割してはいましたが、もっと細かく、提供する機能＝サービスの単位ということで、マイクロサービス・アーキテクチャと呼ばれています。マイクロサービス・アーキテクチャにもデメリットはあり、そこからもう少しだけまとまった単位へと揺り戻し、モジュラーモノリスと呼ばれるアーキテクチャが登場しています。

機能・サービスを提供する単位の視点の一方で、それぞれのシステムで蓄積・保存されたデータを活用するためのシステムも、盛り上がりを見せています。データ分析のための処理に優れたデータベースである、データマートやデータウェアハウス、さらに大規模なデータの集積場としてのデータレイク、データウェアハウスとデータレイクを同じプラットフォーム上で実現しようとするデータレイクハウスといったアーキテクチャの登場です。

ここでは、これらのアーキテクチャとDFDの関係について、少し触れてみたいと思います。

システムアーキテクチャの基本概念

先ほども例にあげた「マイクロサービス」「モジュラーモノリス」のような最近のアーキテクチャと、それに対比する従来型のアーキテクチャ「モノリス」とは、どのような特徴があるか、すでにご存じの方も多いと思います。詳細に触れるとそれぞれ1冊の本になってしまいますので、簡単に説明します。

モノリス（モノリシック・アーキテクチャ）

「モノリス」とは、「一枚岩」という語源から来ており、モノリシック・アーキテクチャは、システム全体が一体化したコードベースとして実装されているものを指します。マイクロサービスなどが登場する前は、これがある意味当たり前でした。そのため、あえてモノリスという言葉を使わずに実装していました。モノリス自体は新しい概念ではなく、ほかの新しい概念の登場とともに、対比する過去のものに名前がつけられたと考えてよいでしょう。

コードベースが1つであるということは、開発の難易度自体は低く、デプロイも1回で済むという利点があります。しかし、スケーラビリティに限界があり、一部の変更がシステム全体に影響を与える可能性があります。解決したい課題や、実現したい機能によっては、異なるプロダクト、異なるソフトウェアを組み合わせたいケースがあったとしても、モノリスではそうした自由な選択はできず、システム全体で統一したソフトウェアスタック上で実装することになります。ある機能だけ利用頻度が高かったり、負荷が高くハードウェアリソースをたくさん使用したりするようなケースにおいて、機能ごとにスケールさせることは難しく、システム全体としてスペックアップさせることになります。そうした課題を解決するために、後述するマイクロサービスやモジュラーモノリスといったアーキテクチャが登場します。

「古いもの」という印象を持たれがちですが、現代においても、モノリシック・アーキテクチャでシステムを構築する例は多くあります。純粋にほかのアーキテクチャによる実装方法が普及しきれておらず、また、習熟した技術者が確保できないから、という後ろ向きな理由もありますが、構造がシンプルでデプロイも容易ですから、規模が小さいシステムや、今後どの程度拡大していくかわからない状況下で、とにかく動くものを早く生み出したい、といった段階において積極的に採用されることがあります。

マイクロサービス・アーキテクチャ

「マイクロサービス」は、サービスという独立した小さな単位で実装し、サービス間はAPIを通じて通信します。コードの変更の影響範囲が極めて狭く、外部連携のAPI部分に影響を及ぼさない限り、そのサービスに閉じて対応することができます。デプロイもサービス単位ですので、ほかのサービスの影響を受けません。APIでの通信自体が保証されていればよいので、APIの背後に実装されるそれぞれのサービス開発において、サービスごとに異なるソフトウェアスタックで開発することも可能です（バラバラのソフトウェアを採用することによって、組織としてのナレッジ、学習コストといった別の弊害が起こりえますが）。また、機能単位でスケールさせるような構成をとることも可能です。独立性、拡張柔軟性を優先するため、サービス間ではデータベースさえも個別のものとして分割します。

サービス間の依存関係を低くすることで柔軟な構成をとれる半面、サービス間はAPIを通じた連携を行う必要があることから、ネットワーク通信によるオーバーヘッドの影響を受けやすい構成でもあります。また、サービスの数が膨大になるとそれらの管理が複雑化する、といった側面もあります。サービスをまたがってトランザクションを管理したい場合など、データベースさえ完全に分離独立させているマイクロサービスではとくに問題になりやすい。非常に柔軟である一方で、設計、開発、運用の難易度も高くなるのです。

海外大手IT企業などで採用され成果を上げており、これにならう形で最近非常に多く採用される構成です。

モジュラーモノリス・アーキテクチャ

「モジュラーモノリス」は、モノリスとマイクロサービスの間に位置します。マイクロサービスほど細かくはなく、完全なモノリスほどの大規模ではない、「モジュール」と呼ぶ分割単位で管理します。

どんな単位をもってモジュールと呼ぶかの厳密な定義はありませんが、機能ごとにパッケージとして機能するようモジュール分割する、程度の意味です。

モノリスのシンプルさ、統合されているが故の手間の少なさを享受しつつ、将来はマイクロサービスに進化してスケールアウトをもくろんでいる場合、最初にモジュラーモノリスを選択する、といったケースがあります。

すでにモノリスのシステムを稼働しているが、モノリス故のデメリットに苦しんでいるという状況から、モノリスからマイクロサービスに一足飛びに移行するのは大変なので、その中間の特性を持つアーキテクチャとしてモジュラーモノリスを選択するケースがあります。

また、マイクロサービスをすでに採用しているものの、その複雑さに苦しんでいる状況から、サービスごとの独立性を維持しつつ集約するという形でモジュラーモノリスを採用するケースがあります。

メリットとデメリットは表裏一体であり、どれか1つが秀でていて、それさえ採用しておけば問題ないというものではありません。

図ii：モノリス、マイクロサービス、モジュラーモノリス

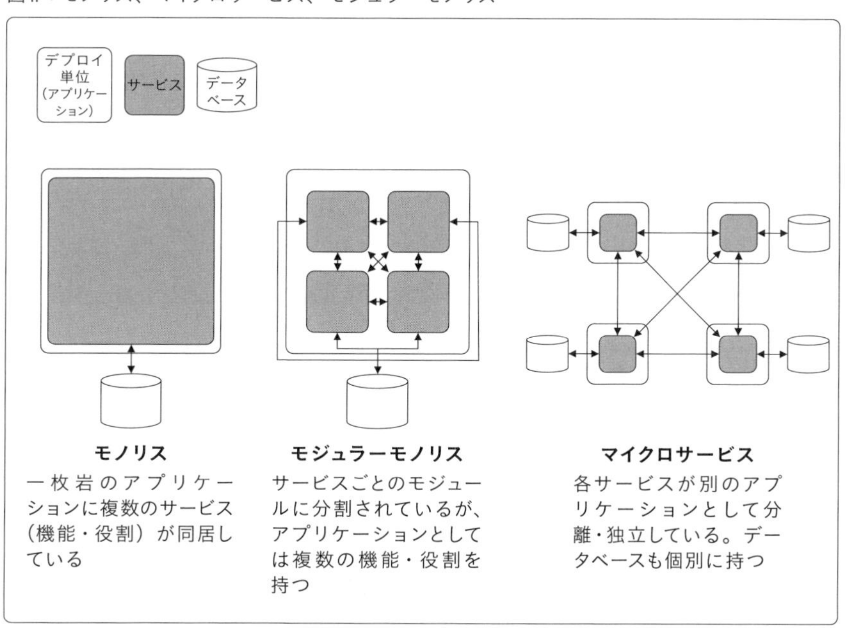

システムアーキテクチャとDFD

DFDが生まれた時代はモノリス（当時はモノリスとさえ呼ばれていなかった一体型のアーキテクチャ）しか存在していませんでした。しかし、サブシステムの分割検討や、サブシステム同士のデータ連携を表現する際に、DFDは活用されてきました。

そもそもDFDそれ自体は、システム実装単位に依存した表記法ではありません。システムで実現したいこと、あるいはすでに存在するシステムのデータの流れと処理を表現したモデルに過ぎません。ですから、描いたDFDに対して、どこに、どんな集約単位で境界線を引くかの違いが、モノリスなのか、マイクロサービスなのか、モジュラーモノリスなのか、の違いと考えて差し支えありません。

そうして、扱いたい単位で境界線を引いたら、その単位ごとに要求分析・設計の詳細化、そして開発やデプロイを管理していけばよいのです。

DFD上で使用する図形の1つに「外部エンティティ」があります。分割したシステム／サービス単位でDFDを描いたとき、それがモノリスであれば、外部エンティティは「外部システム」ですし、マイクロサービスやモジュラーモノリスであれば、外部エンティティはAPIで通信する相手となる「サービス」です。それだけの違いです。

データ管理の基本概念

ビッグデータというキーワードが盛り上がる以前から、大量のデータをどのように管理してどのように活用していくかは、常に課題として存在してきました。そうした大量のデータを保存し、処理する器（データストア）として、新しい名称が登場してきました。併せて、そうした器にデータを投入したり、取り出して別の器に移動させたりといったことも、重要なテーマとなっています。ここではデータ管理の基本概念として、主要なものを取り上げて簡単に解説します。

データマート

特定の業務や部門に最適化されたデータのサブセット、というレベルの大きさのデータストアです。シンプルな構造とそれなりのデータ量で、扱いやすさ、分析のしやすさを重視しています。

一般的なリレーショナルデータベース製品で構築できる一方、手軽であるが故に乱立しがちです。そのため、複数のデータマートの間では一貫性がなかったり、統合が困難だったりします。次に取り上げるデータウェアハウスで処理を行って必要な単位に切り出したものとして構築されるケースも多いです。

データウェアハウス

ウェアハウス＝倉庫の名を冠したこのデータベースは、組織全体のデータを統合したデータストアという規模感です。

大規模データの一元管理、高度なクエリや分析を可能とし、その保存期間も比較的長く、データの歴史的な記録を保存、分析するのにも利用されます。分析処理に適したデータ格納形式や並列処理方式に適したアーキテクチャを採用した専用のリレーショナルデータベースを利用することが多く、その影響から、更新処理が遅く、システム自体が高額になりやすい傾向があります。

データレイク

「湖」の名を冠する、さまざまな形式のデータを大量に格納するためのデータストアです。データマートやデータウェアハウスのようなリレーショナルデータベースではなく、分散保存、分散処理に適したアーキテクチャによるオブジェクトストレージを用います。

データの発生源（データソース）の形式をそのままに、ファイルオブジェクトで保存することが多いです。よって、データマートやデータウェアハウスがリレーショナルデータベースを前提とした構造化データを扱うことが多いのに対し、非構造化データも管理が可能となっています[※3]。より大規模なデータを低コストで保管可能となることが多く、パブリッククラウド提供ベンダー各社が、スケーラブルで低単価、かつ、可用性も高いオブジェクトストレージサービスを提供したことから、その普及に拍車がかかっています。

※3　最近はリレーショナルデータベース製品もJSONのような半構造化データを取り扱うためのデータ型や関数を提供していて、データマートやデータウェアハウスだから構造化データのみ、と一概には言えない状況になっている。

データレイクハウス

データレイクハウスは、データレイクとデータウェアハウスを一体管理する、という考え方です。データレイク登場後しばらくは、元データをデータレイクに格納し、データレイク上で加工処理を行い、分析用途に適したサイズやデータ範囲にまとめてデータウェアハウスやデータマートに転送して、利用者はその転送先となるデータウェアハウスやデータマート上で分析を行う、という分担となっているケースが多くありました。

しかし、この方式では加工・転送のタイムラグが発生すること、それぞれの環境を別々に管理する必要があること、データレイクとデータウェアハウスでデータを二重に保持することになること、さらにデータウェアハウス側で不足が判明したデータはデータレイク上で再加工して再取得する必要がある、といった問題がありました。

データレイクにはすべてのデータがあるのですから、利用者から直接アクセスして分析を行いたいところです。しかし、データレイクで使用されている環境は、頻繁なアクセスや高いレスポンス性の要求に耐えられるものではなく、またトランザクションのサポートもありませんでした。

そこで、データ格納の管理容易性、維持コストと処理性能に優れた環境に、データレイクとデータウェアハウスの両方の役割を持たせることで解決する、という考え方が生まれました。これがデータレイクハウスです。

なお、データレイクハウスは登場してまだ日が浅く、このソリューションを提供するベンダー各社の間で、定義が統一されていません。

図iii：データマート、データウェアハウス、データレイク、データレイクハウス

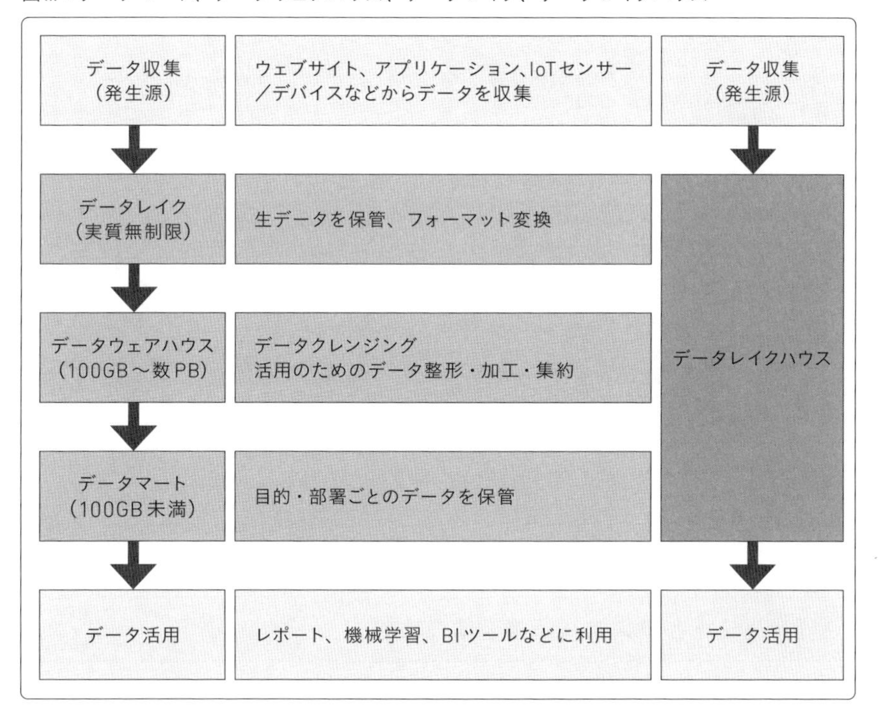

データ管理概念とDFD

データの集積場所とその加工処理に前述のどの方式を採用したとしても、データの発生源から収集・保存し、目的に併せて加工し、新たな形式で保存し直す、という「データの流れ」の本質は変わりません。

「システムアーキテクチャとDFD」で触れた話の繰り返しになりますが、DFDそれ自体は、システム実装単位に依存した表記法ではありません。ですから、これもまたDFDで表現することができます。転送に使う手段や方式も、加工に使う手段や方式も、DFDで描いたその先にある話です。データマートやデータウェアハウス、データレイクのどこにデータが保持されるのか、あるいはすべてデータレイクハウスの中で完結するのかといった話は、DFDのどこに境界線を引くか、の違いです。

データの抽出・加工については、古くはETL（Extract-Transform-Load）やELT(Extract-Load-Transform)、リバースETLといった言葉で、あるいは、データパ

イプラインという言葉で語られ、最近では、そのデータの源泉から現在地までの流通経路・加工経緯を明らかにするデータリネージという言葉がはやっています。DFDはまさにそうしたテーマを表現するのに、非常に相性のよい手段であると考えられます。

図iv：ETL

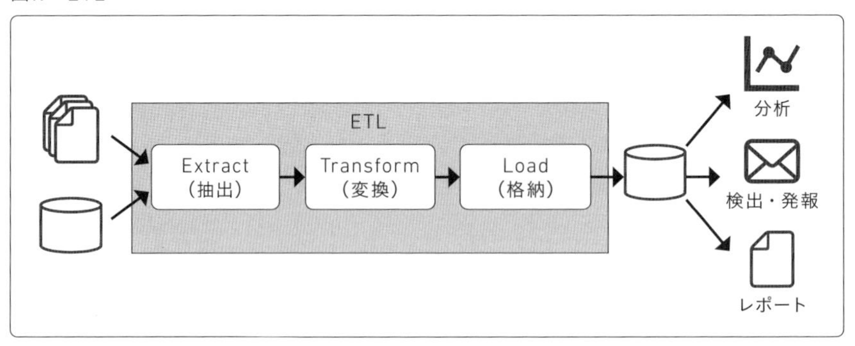

『構造化分析とシステム仕様』について

『構造化分析とシステム仕様』とは、日本で発売されている書籍の名前です[※4]。

DFDは、その生い立ちから、構造化分析・設計と深く結びついています。そして、このDFDを用いた構造化分析のアプローチについて、日本語で学ぶことができる解説書として最も有名な書籍が、この『構造化分析とシステム仕様』という書籍です。構造化分析の基本原則や手法を体系的に解説しており、多くのシステムエンジニアやアナリストにとってのバイブルとされてきました。

ここで、DFDと構造化分析の関係性について、その歴史に軽く触れます。

この『構造化分析とシステム仕様』の原著『Structured Analysis and System Specification』が出版されたのは1979年ですが、その10年ほど前から、複雑・大規模化するシステム開発における要求分析や設計の標準的技術が存在していないことへの解決策として、いくつかの構造化手法が出現していました。そのような中、

※4 『構造化分析とシステム仕様』（日経BP）

ラリー・コンスタンティン（Larry Constantine）が提唱した構造化設計手法が注目されることとなります。

彼の提唱した手法は、構造化分析と設計のための体系的なアプローチを確立し、一貫性と秩序を持ってシステムを分析し設計することを可能としたことで、システムの複雑さを効率的に管理できるようにしました。

また、モジュール化とカプセル化の重要性を強調し、システムを独立したモジュールに分割することで、各モジュールがほかの部分から独立して動作するようにし、システムの保守性と再利用性も向上しました。

さらには、システムのモジュール間の結合度（依存関係）とモジュール内の凝集度（モジュール内に含まれる要素同士の関連性の強さ）という尺度を用いて、「高凝集・低結合」を保つことの重要性を説きました。

こうしたアプローチを体現するツールとしてDFDを導入し、理論的な厳密さと有用性のバランスを適度に保ちつつ、さまざまな立場から関与する関係者間のコミュニケーションを円滑にして共通理解を助けることに寄与しました。

さらに、トム・デマルコ（Tom DeMarco）は、著書『構造化分析とシステム仕様』を通じて、この構造化分析手法の基本原則や手法を体系的に解説し、構造化分析およびDFDを広く普及することに貢献しました。

現代において、DFD、および、構造化分析・設計を扱ううえで、決して外すことのできない原典が、この『構造化分析とシステム仕様』という書籍なのです。

したがって、本書においてDFDを実際に作成していく過程は、構造化分析のプロセスにならって解説することとなります。『構造化分析とシステム仕様』は、日本語版で400ページの大作でやや難解でもありますから、より平易な解説を試みたいと思います。

なお、この『構造化分析とシステム仕様』は、現時点では中古書店でしか入手できない状況にあります。このような貴重な本が、そこに記された技術が、時代の流れにのまれ埋もれていってしまうことを避けたい、何らかの形で残し、つないでいきたい、という思いが今回の書籍執筆のきっかけの一つでもあります。

「DFDはプロセス指向アプローチ（Process Oriented Approach：POA）だからオブジェクト指向アプローチ（Object Oriented Approach：OOA）とは相いれない」と評されることもありますが、構造化分析とDFDの歴史の解説の中で、「モジュール化とカプセル化」や「高凝集・低結合」という単語が出てきていることにも注目していただきたいです。これらは、最近主流となっているオブジェクト指向分析・設計の文脈においても頻出する要素です。しかし、これらの概念は構造化分析が登場したころにはすでに存在しており、DFDを用いた構造化分析・設計という手法の提唱の中で強く意識され、採り入れられているのです。

記号表記と用語について

DFDの開発と普及において、異なる研究者や団体が独自の方法を提案したため、結果的に複数の記法が生まれました。それぞれ使用する記号が微妙に異なりますが、表現しようとしているものは同じです。

ここではDFDの共通要素となる用語と、主要な記法について解説します。

DFDの要素

データストア

一時的、または永続的に保存されたデータを表すものです。ファイルやデータベースのテーブルに該当しますが、DFDという図の上では、ファイルか？　RDBMSのテーブルか？　キューか？　ストリーミングか？　メモリ上か？　ストレージ上か？　といった実現方式を制限しません。

データストアはプロセスによって参照・利用されるか、プロセスによる処理結果を保存します。

プロセス

データの加工・処理を行うものです。DFDという図の上では、システム上の処理なのか、人の手による処理なのかの制限はありません。これから新規にシステムを構築するための分析段階でのDFDでは、人の手で行う業務手順の1つを表すこともあるでしょう。システムの概要が固まり、開発すべき機能を詳細に分解している段階のDFDでは、プログラムモジュール、サブルーチン、クラス／オブジェクト、ファンクション、プロシージャ、メソッドといった、より細かい単位を表現することもあります。

プロセスには、必ずデータの入出力（インプット・アウトプット）がともないます。

『構造化分析とシステム仕様』の中では「バブル」という表現を用いることがありますが、本書では「プロセス」で統一します。

外部エンティティ（または「源泉と吸収」）

DFDでは、DFDを用いて分析や設計を行う対象の「外」に存在して、その分析設計対象に対するデータの入力元や出力先となるものを「外部エンティティ」として表します。

画面に対する人の手による入力、連携するシステムからのファイル転送の受信などは、この外部エンティティからの入力を基に処理をするため、「源泉」と呼ばれます。また、このシステムで処理した結果を、外部に対してファイル転送であったり、APIなどを用いて描き込んだりする場合に、その処理結果データが吸収されていく先ということで、「吸収」と呼びます。

表記上は、源泉と吸収のどちらも同じ記号で表記されます。その外部エンティティが自社のコンピュータシステムなのか、他社のシステムなのか、あるいは、紙に印刷して保存するキャビネットや倉庫のようなアナログなものなのかは、DFDという図の上では区別しません。

本書では、「外部エンティティ」の名称で統一します。

データフロー

データストア、プロセス、外部エンティティの間を行き来する「データとその流れ・向き」を表します。

矢印の向きは、データが向かう方向です。とりにいく（GET / PULLする）のか、受け取る（PUSHされる）のかにかかわらず、プロセスが入力データとして利用する場合はプロセスに向かう矢印となり、その処理結果はプロセスから出ていく矢印となります。

原則として、データフローは「データストアからプロセスへ（入力）」「プロセスからデータストアへ（出力）」「外部エンティティからプロセスへ（入力）」「プロセスから外部エンティティへ（出力）」を表すために使用されます。

「プロセスからプロセスへ（入力または出力）」については、流派や好みによって分かれるところです。プロセス同士を接続するデータフローを多用すると、プロセス同士の呼び出し／戻りといった実装により近いところに引きずられがちです。

なお、トム・デマルコはその著書『構造化分析とシステム仕様』において、「プロセスからプロセスへ（入力または出力）」となる図を、とくに抽象度の高い段階での分析結果を表現するDFDにおいて多用しています。

「ミニ仕様書」と「データディクショナリ」

DFDで使用する4つの要素の解説では、「DFDという図の上では区別しません」という表現を繰り返しました。DFDに要素を盛り込みすぎないことで、モデルとしての簡潔さを維持しつつ、全体像を把握しやすいモデルとなっています。

ただし、構造化分析・設計を行う中で、DFDのモデルの中で表現しきれない要素があります。そうした情報を管理するために利用するのが、「ミニ仕様書」と「データディクショナリ」です。これらは厳密にフォーマットが定められているものではなく、「こうした補助資料を用いて、詳細を記述しましょう」という位置づけのものです。詳細は本編でも触れますが、簡単に解説します。

ミニ仕様書

「ミニ仕様書」はプロセスの具体的な処理内容を記述します。「ミニ仕様書」という名前は『構造化分析とシステム仕様』の中で、プロセス仕様を記述するドキュメントを「mini-spec」からとって訳したため、「ミニ仕様書」という用語が使われることが一般的です。

実際にはその仕様書の大きさを示すわけではなく、処理手順を表すフローチャートや処理条件を表すデシジョン・テーブルなど、プロセスの詳細を定義するうえで必要な情報を記載します。

データディクショナリ

データディクショナリはデータストア、あるいはデータフローで表されるデータの内容や構造に関する定義書に相当します。データストアに対応するものとしてはファイル仕様書やテーブル定義書、データフローに対応するものとしては電文フォーマットやAPI仕様書のイメージです。

さまざまな記法

主に使用されている2つの記法について解説しますが、DFDについて解説している書籍、ウェブサイト、あるいはDFD描画ツールなどによって、採用されている記法・記号やその記法の説明にばらつきがあります。

この本では「デマルコ記法／ヨードン・デマルコ記法」の記号を用いて解説を進めていきますが、彼の著書『構造化分析とシステム仕様』の中では、その記法に厳密に準拠してはいないように見られます。

デマルコ（DeMarco）記法／ヨードン・デマルコ（Yourdon-DeMarco）記法※5

トム・デマルコが提唱した記法とされています。

「ヨードン」はエドワード・ヨードン（Edward Nash Yourdon）という人物の名前に由来します。エドワード・ヨードンはトム・デマルコと同じ時代に活躍したソフトウェア工学者であり、コンピュータコンサルタントです。構造化分析設計の先駆者であるとともに、「デスマーチ」の概念を広めた人物と言われています※6。

※5 「ヨードン・デマルコ記法」で使用される4記号で表されるDFDの記法は「ヨードン・コード（Yourdon-Coad）記法」と呼ばれることもある。コード（コッドと訳されることもある）は、ピーター・コード（Peter Coad）という人物の名前に由来する。コードはヨードンとともに、オブジェクト指向分析・設計・実装に関する書籍を残した人物である。彼の書籍は1990年代に出版されたものが多く、とくに彼の名を有名にした『オブジェクト指向設計「OOD」: Coad/Yourdonメソッド』は1995年の刊行である。よって、時系列的に見て、DFDと構造化分析設計の隆盛の時代よりも後の時代の人である。よって、この本では、「デマルコ記法」または「ヨードン・デマルコ記法」という名前を採用している。

※6 Death March: The Complete Software Developer's Guide to Surviving "Mission Impossible" Projects (1997)。日本語版は、『デスマーチ 第2版 ソフトウエア開発プロジェクトはなぜ混乱するのか』(日経BP)。

- **データストア：要素名の上下に水平の実線を引いた図形**
- **プロセス：円形、または、楕円形**
- **外部エンティティ：長方形**

図v：ヨードン・デマルコ記法

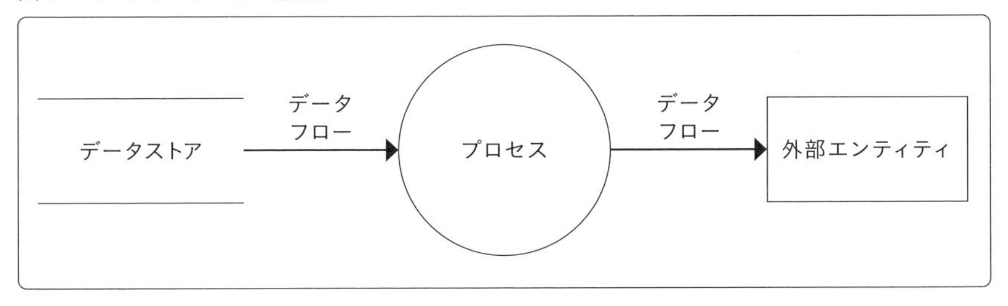

ゲイン・サーソン（Gane-Sarson）記法

クリス・ゲイン（Chris Gane）とトリッシュ・サーソン（Trish Sarson）により1977年に出版された『Structured Systems Analysis: Tools and Techniques』の中で、この記法に基づくDFDが提案されたことから、この名称で呼ばれています。

- **データストア：要素名の上下に水平の実践を引き、左側を2本の縦線で閉じた図形**
- **プロセス：角を丸めた正方形**
- **外部エンティティ：長方形**

図vi：ゲイン・サーソン記法

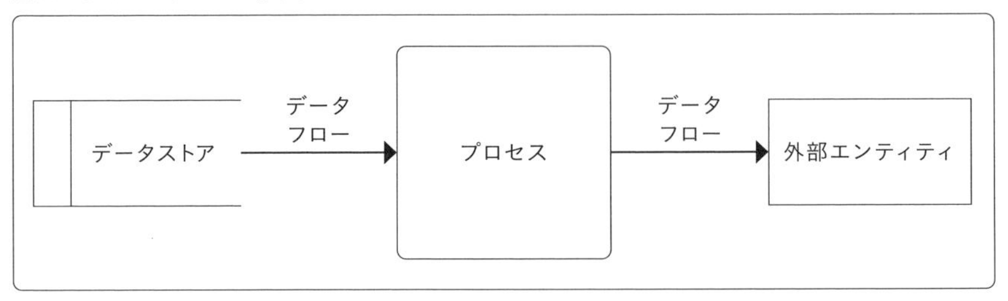

このとおり、どの記法を用いるにせよ、表現する要素に違いはありません。読み手が混乱しないように記法の混在を避けて統一すること、使い慣れたツールが対応している記号を使用することにさえ注意すれば、後は好みの問題となります。

第1章

データフローダイアグラム(DFD)とは

単純明快、この図は一体……!?

システム刷新プロジェクトのメンバーに加わったばかりの田中さん。なにやらお困りのようで……。

「うーん、このプロジェクトの全体像がつかめない……」

「どうしたの、田中くん？」

「佐藤さん！　このシステムの情報の流れがよくわからなくて……」

「そういうときはね、データフローダイアグラムを使うんだ。情報の流れが一目でわかるよ」

「へぇ、そんな便利なものがあるんですか？」

田中さんのように、DFDというものにはじめて触れる読者の方もいるでしょう。この章ではDFDとはどのようなものであるか、基本的な知識について解説します。

01 モデリングの基本的な記号と表記法

図解法としてのDFDで用いる記号は、原則として以下の4つです。

- **データストア**
- **プロセス**
- **外部エンティティ**
- **データフロー**

「はじめに」でも触れたとおり、ヨードン・デマルコ記法では次のように表現します。

図1.1.1：ヨードン・デマルコ記法に基づくDFDの記号要素一式

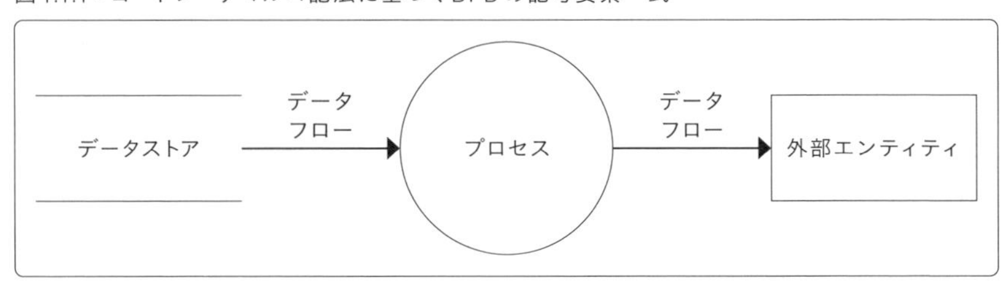

データストア、プロセス、外部エンティティ、データフローについて、それぞれ説明します。

データストア

図1.1.2：データストアを表す記号

データストアは、データが保存されている場所、データのかたまりを意味します。一般的には、ファイルシステム上のファイルやデータベースシステム上のテーブルに相当します。しかし、DFDでは実現方式を問いませんので、メモリ上であろうと、ストレージ上に永続化された存在であろうと、「データがいったんとどまるところ」であればデータストアとして表現して構いません。

データストアは、要素名の上下に水平の実線を引いた図形で表現します。データストアからプロセスに向けた入力を表すデータフロー、プロセスからデータストアに対する出力を表すデータフローのいずれか、あるいは両方を必ず持ちます。データフローによる接続のないデータストアは、利用されないデータストアであり、存在意義がありません。

また、データストアからデータストアへデータフローが直接接続されることもありえません。必ずプロセスを介して接続されます。

図1.1.3：データストア同士が直接接続されることはなく、プロセスを介して接続する

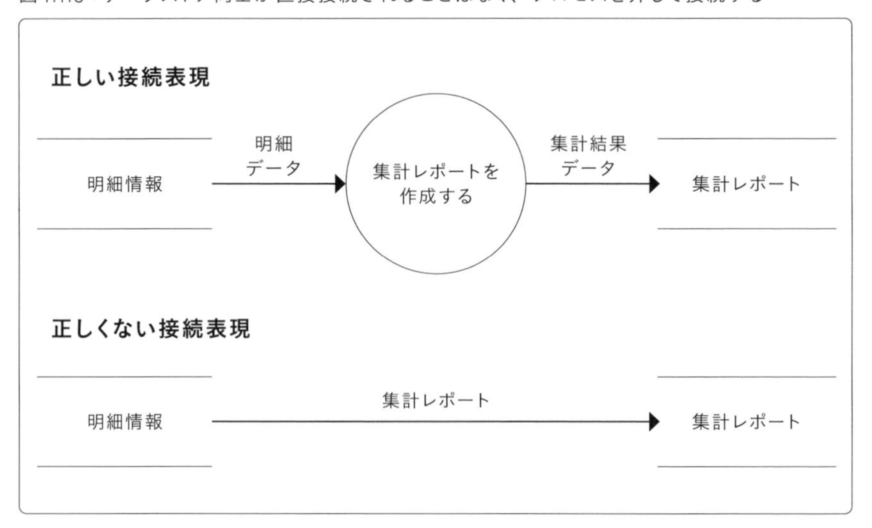

図形の中には、そのデータストアを端的に表す名称を記入します。分析段階、論理設計段階では、より実世界に近い言葉で表現します。実装に近い段階ではファイル名であったり、テーブル名であったり、プログラミングレベルであれば、変数名である可能性もあります。

データストアに保管されるデータの具体的なフォーマットなどの情報、いわゆるファイル仕様書やテーブル定義書に記述するような情報は、DFDとは別に用意する「データディクショナリ」に記述します。

プロセス

プロセスはその名前のとおり、処理・手続きを表します。概要レベルのDFDにおいては、1つのプロセスの記号が複数の役割、機能を持った状態となりえます。これは構造化分析のプロセスにのっとり、段階的に詳細化していく中で分解されていくものです。

図1.1.4：プロセスを表す記号

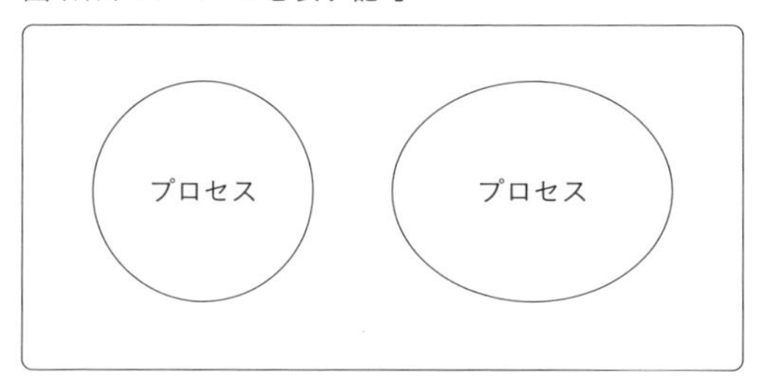

プロセスは、円形または楕円形で表現します。プロセスに対する入力を表すデータフロー、プロセスからの出力を表すデータフローのいずれか、あるいは両方を必ず持ちます。

入力を表すデータフローによる接続のないプロセスは、「無から何かを生み出している」ことになります。逆に、出力を表すデータフローの接続がないプロセスは、「何も生み出していない」ことになります。このような図が描かれている場合、作成途中でない限り、何らかの課題が隠れていると考え、注視する必要があります。

図形の中には、そのプロセスを端的に表す名称を記入します。分析段階、論理設計段階では、より実世界に近い言葉で表現します。業務やサービスを表す言葉となるでしょう。とくにこの段階では「〜する」という動詞で表すことが推奨されます。実装に近い段階では、機能名、プロシージャ／ファンクション名に置き換わることもありえます。

構造化分析に基づく詳細化のステップを踏む中で、レベル間の関係をわかりやすくするために、プロセスにIDとなる数字をつけることが一般的です。このとき、番号体系は、ドットが詳細レベルの階層を示すようにします。図のように、概要レベルで「1.集計レポートを作成する」とした場合、このプロセスの詳細は、「1.1」「1.2」のように、概要レベルのどのプロセスを分解詳細化したものかがわかるように対応づけます。

図1.1.5：DFDのレベルに合わせてプロセスにIDを付与する例

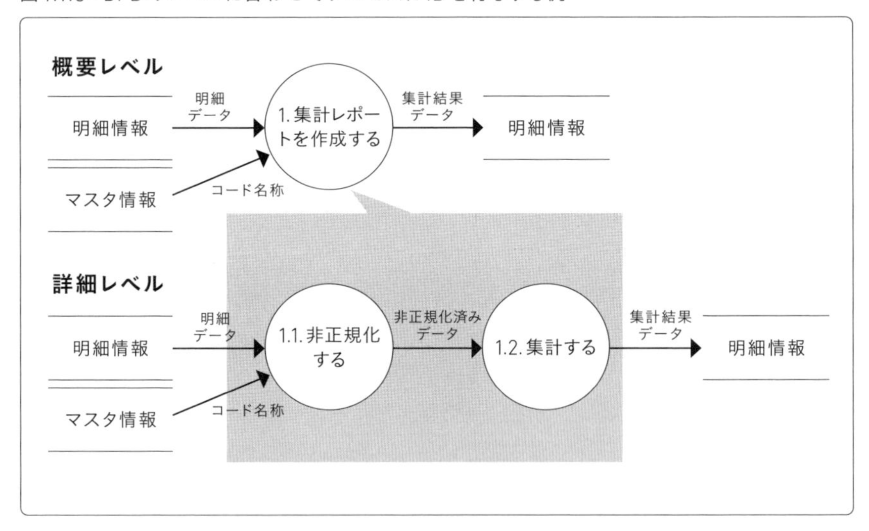

プロセスからプロセスへデータフローが直接接続されることについては、禁止されていません。トム・デマルコもその著書の中で多用している表現です。ただし、必ずプロセス以外の「外部エンティティ」や「データストア」を介して接続する図にした方が、表したい内容をより明確に表現できるでしょう。とくに、プロセスAからプロセスBに接続するような矢印を描くと、読み手は「プロセスコール」「プロセスの親子関係」のように読み取る可能性が高いです。そして、描いている技術者自身も、そのような表現をしたい欲求に駆られることがしばしばあります。しかし、DFDにおいては、プロセス間の呼び出しや親子関係を表現することはありません。

UMLのユースケース図における「ユースケース」を表す楕円（だえん）と、ほぼ同等の意味を持つと考えてもよいですが、ユースケース図において「アクタ」との接続は「関連」を表すのみであり、入出力の向きや内容を示すものではないという違いに注意してください。また、UMLではユースケース同士の関係として「汎化（はんか）(generalization)」「包含（include)」「拡張（extend)」を表現することがありますが、DFDのプロセスにおいてこのような表現をすることはありません。

プロセスは図解上、非常にシンプルな表現を用いていますが、情報量としては乏しく、その処理の具体的な内容を表現できません。そのため、この図解とは別に、各プロセスに対応する「ミニ仕様書」と呼ばれるドキュメントを書き起こし、処理詳細を記述することで補完します。UMLのユースケース図におけるユースケースの記号が、それ単体では極めて抽象度が高く、より具体的な情報を記述するために「ユースケースドキュメント」を記述するのと同様です。

外部エンティティ

外部エンティティは、分析対象の業務やシステムの外部にあって、データの入力元や、データの出力先となりえる対象です。人であったり、組織であったり、社内外に存在するシステムであったり、物理的なものの置き場所だったり、仮想的なものの置き場所だったりします。実質的には先述のデータストアと同じですが、DFDが取り扱う対象の外部にあるものとして明確に区別する際に使用します。

分析・設計対象から見て、データが生み出される発生源であったり、加工・生成処理をした結果のデータが最終的に吸い寄せられる終着点であったりするところから、外部エンティティのことを「源泉と吸収」と呼ぶこともあります。

図1.1.6：外部エンティティを表す記号

外部エンティティは、四方が閉じた矩形（四角形）で表現します。外部エンティティからプロセスに向けて入力を表すデータフロー、プロセスから外部エンティティに対する出力を表すデータフローのいずれか、あるいは両方を必ず持ちます。データフローによる接続のない外部エンティティは、利用されない外部エンティティであり、存在意義がありません。

また、外部エンティティから外部エンティティへデータフローが直接接続されることもありえません。必ずプロセスを介して接続されます。

図1.1.7：処理結果を外部に提供するため、外部エンティティで表現する

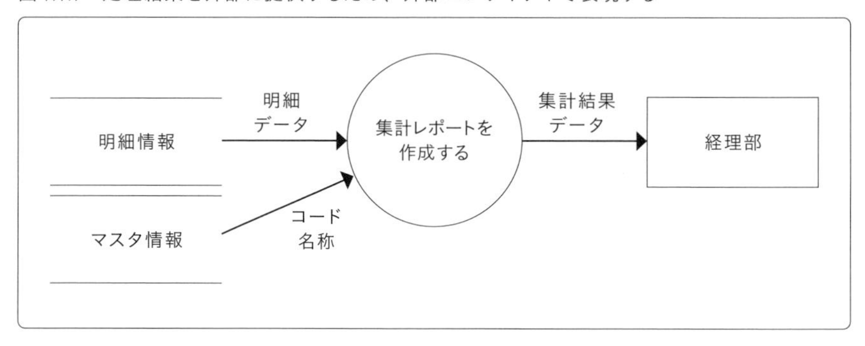

「外部」という名称のとおり、DFDで分析、設計を表現する対象の外に存在するものですから、内と外という意識の下で使い分けます。UMLのユースケース図では、「境界」を表す四角の囲みを使用することがあります。DFDにおいても同様に「境界」を表現することは禁止されていませんが、境界を描かなくても、外部エンティティを使用した表現の時点で、外部エンティティとその外部エンティティにデータフローで接続したプロセスとの間が、「境界」であることは自明です。

データフロー

データフローは、データの「流れ」です。矢印の向きは「どこからどこへ向かうか」であって、そのデータを扱う主体・客体の関係ではありません。ですから、プロセスから見て、データを受け取る場合であっても、データをとりにいく場合であっても、矢印の向きは同じです。

図1.1.8：データフローを示す記号

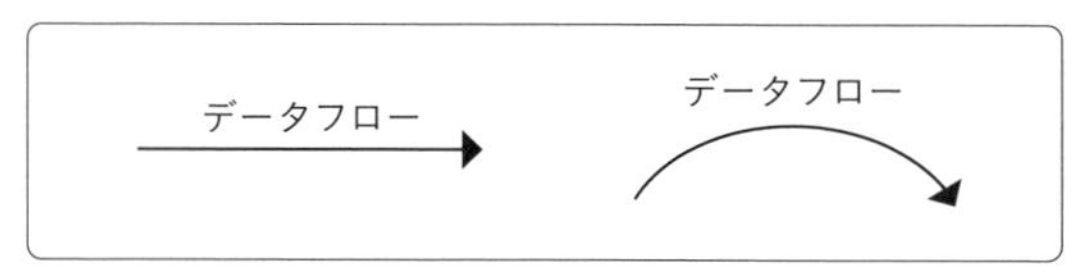

データフローは実線の矢印で表現します。矢印を表す線は、直線であっても曲線であっても構いません。DFDが複雑になると、記号配置の都合上、データフローの矢印がほかの記号と重複や交差が発生する可能性が出てきますが、そうした表記は極力避け、別々のDFDに分解するといった工夫を心がけましょう。次の図のよ

うに、同じ意味を示すDFDも、データストアやプロセスの配置の工夫によってデータフローの交差を回避することができます。

図1.1.9：データフローが交わる状態を避ける

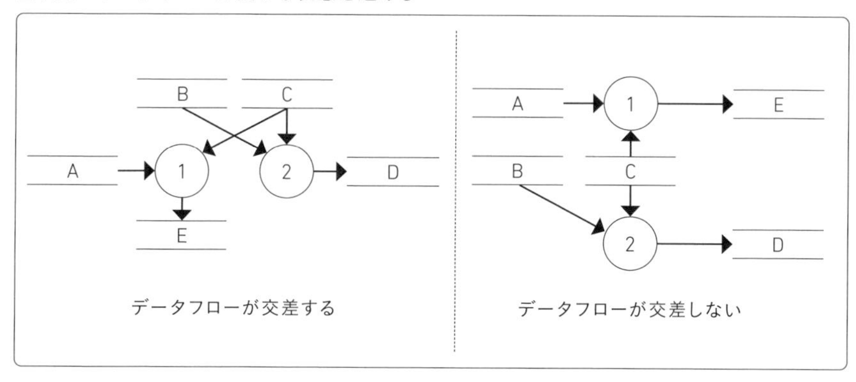

原則として、データフロー以外の記号同士を接続するために使用します。始点または終点にほかの記号が存在しない表現を禁止しておらず、DFDについて解説しているトム・デマルコの著書『構造化分析とシステム仕様』の中でもデータストア、プロセス、外部エンティティのいずれかが必ず存在するように表記します。

データフローの矢印に付与する文字は、そこに流れるデータを具体的にイメージできる名称を付与します。また、データフロー上を流れる実際のデータフォーマットをそのまま表現するのは、図解スペース的にも困難であるため、別途整理する「データディクショナリ」を参照するうえでわかりやすく一意であるような名称を付与します。

データディクショナリにおいて、データフローの詳細はいわゆる「インターフェース仕様書」に相当する情報となります。

02 ダイアグラムで表現すること、しないこと

DFDは4つの記号で表されるシンプルな図解法であり、その表記ルールの説明を受けなくても、ぱっと見ただけで何を表現しているか、おおよそのイメージをつかめる便利な表記法です。しかし、シンプルであるが故に表現されない情報もあり、描き手と読み手、あるいは読み手の間でも認識の差が生まれてしまうことがあります。

これまでの解説の中で触れてきた内容も含まれますが、あらためてそうした読み間違い、認識差異の発生の原因となりやすい「DFDで表現しないこと」に焦点を当てて解説します。

実行順序・同期／非同期

DFDでは、処理を表すプロセスの「実行順序」を表現しません。いわゆるフローチャートと同様に、データフローを示す矢印に沿って、順番に実行されるものとして読み取りたくなりますが、必ずしもその順序で実行されることを示しているわけではないことに注意する必要があります。

データの生成経緯からして、頭から（データフローの矢印をたどった、DFDの図上の起点から）順番に実行されないと、中間地点にあるプロセスにとって必要なデータが存在しえないことがあります。それでも、DFDのルールとしては「DFDそれ自体は、順序を表さない」というものになります。

同様に、複数のプロセスの関係において、次のような同期／非同期の表現もDFDにはありません。

- **呼び出し先のプロセスの終了を待って後続処理を進める**
- **呼び出したプロセスは非同期で実行し、その終了を待たずに呼び出し元の後続処理を進める**

また、「並行・並列処理とその同期」についても、DFDでは表現しません。UMLのアクティビティ図では同期バーによって複数の処理に分岐した後、再び同期バーによって集約されるような表記ができますが、DFDでは同等の表記がありません。

普段、実装により近い部分を担当している人ほど、このような表現をしたくなる、あるいはそのように読み取りたくなるところですが、DFD自体にはこうした要素が含まれていないことに注意してください。

これらはいずれも、DFDが描こうとしている「データの流れ（データフロー）」ではなく、「プロセスの流れ（プロセスフロー）」の話です。オリジナルな図解をしているとき、その矢印が何を意味しているのかわからないことが時々ありますが、「DFDにおける矢印はデータフロー」ということを強く意識する必要があります。

図解における「矢印の意味」

コンサルタント時代、主にPowerPointスライド資料を作成し、そこでたくさんの図解を用いていましたが、「その矢印の意味するところは何か？」を強く意識するように指導されたことを覚えています。

これはDFDに限った話ではなく、その矢印が何を意味しているかわからない、凡例にも示されていない、「雰囲気で描かれている」資料が世の中にあふれています。

DFDのようにルールが定められた表記法にのっとって図解をしている場合は、その矢印が意味するところは「暗黙の了解」となるかもしれません。しかし、その前提を共有していない相手にも資料を提示することがあります。

「資料を作って見せる」ということは、誰かに情報を正確に伝えるために行っているのですから、矢印1つとっても認識の齟齬を生み出さないように、明確な意図をもって表現する必要があります。

モデリングの基本的な記号と表記における「プロセス」の説明の中で、プロセス名に番号を付与する話がありましたが、その番号は実行順序ではなく、あくまで「一意に識別するための付加情報」に過ぎません。

DFDで表現した複数のプロセスの間に、実行順序や同期的動作といった依存性がある場合、別途、プロセスフロー図としてフローチャートやシーケンス図、アクティビティ図などを補足資料として用意しましょう。

また、そうした依存関係はプロセスの詳細を記述する「ミニ仕様書」の中で、「前提条件」として記述しておくことも、コミュニケーション齟齬を防ぐうえで重要です。

図1.2.1：DFDは、実行順序やタイミングは表していない

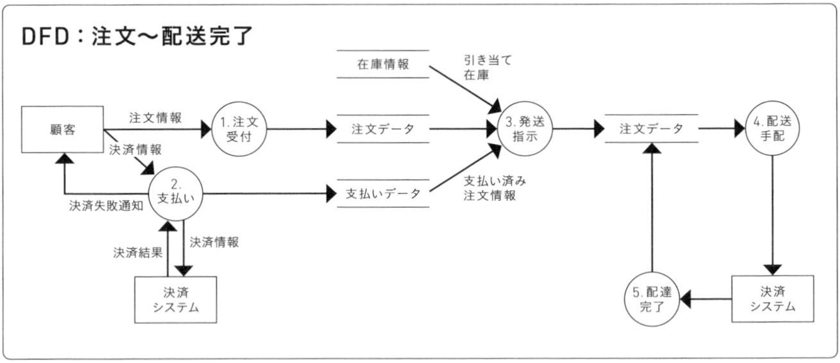

DFD：注文〜配送完了
在庫情報
引き当て在庫
顧客
注文情報
1.注文受付
注文データ
3.発送指示
注文データ
4.配送手配
決済情報
2.支払い
支払いデータ
支払い済み注文情報
決済失敗通知
決済結果
決済情報
決済システム
5.配達完了
決済システム

たとえば、この図は「3.発送指示」のプロセスにおいて、「在庫を引き当て、また決済処理が済んで入金確認がとれた注文」について、注文内容に基づく配送情報を生成することを示すDFDです。「1.注文受付」が実行されていなければ、注文データは存在しえません。同様に、「2.支払い」が実行されなければ「支払いデータ」も存在しえません。

ただし、これらの処理が連続して同期的に実行されなければならないわけではありません。インプットデータさえそろっていれば、「3.発送指示」を単独で実行し、アウトプットを生成できるという仕様を表している可能性があります。

条件分岐・例外処理

DFDでは、条件分岐も表現しません。これは、フローチャートに慣れた人にはかなり違和感があるものです。UMLのシーケンス図においても、条件分岐を表現する記法は存在しています。しかし、DFDでは条件判定によって後続のデータの流れる先が分岐した場合でも、同じレベルで表現します。

例外処理も、「正常に処理ができなかったら」という条件分岐の1つとみなして構いません。

図1.2.1の「2. 支払い」プロセスにおいて、「決済失敗通知」の情報が顧客に向かって流れていますが、これは顧客から受け取った決済情報（クレジットカード情報や口座情報）に基づく決済処理が正常に行われなかった場合に通知するケースを表現したものです。

図1.2.2：実行順序や条件分岐を表すには、別途フローチャートを用意する

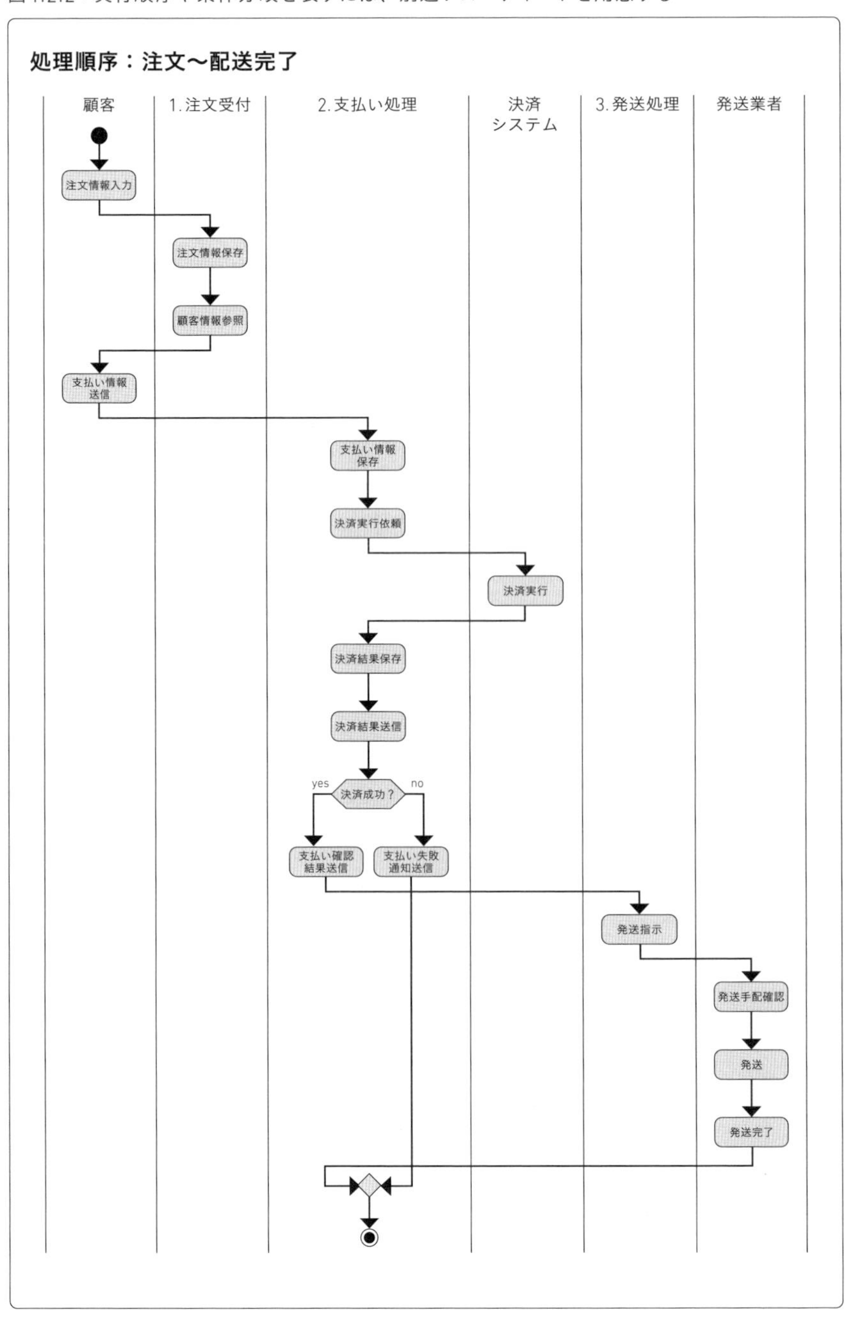

プロセス内で判断される分岐の条件は、ミニ仕様書に記述します。デシジョン・テーブル（決定表）やデシジョン・ツリー（決定木）、フローチャートなどを活用して、その条件と結果が明確になるように整理します。

図1.2.3：デシジョン・テーブル

【テーマパークの料金割引制度】
大学生：10%OFF　　中学生・高校生：25% OFF
小学生以下：50%OFF　女性（年齢不問）：5% OFF
複数条件に該当する場合、割引率の最も高いものが適用される。

	#1	#2	#3	#4	#5	#6	#7	#8
大学生	Y	Y	N	N	N	N	N	N
中学生・高校生	N	N	Y	Y	N	N	N	N
小学生以下	N	N	N	N	Y	Y	N	N
女性	N	Y	N	Y	N	Y	N	Y
50% OFF					X	X		
25% OFF			X	X				
10% OFF	X	X						
5% OFF		X		X		X		X
割引なし							X	

処理の親子関係

プログラムを開発していれば、プロセスからプロセスを呼び出したり、メソッドからメソッドを呼び出したりすることは当然のことです。ですから、その実装をイメージして、その親子関係を表現したくなります。

先ほどの「同期／非同期」の話とも関連しますが、同期的呼び出しにおける呼び出し元、呼び出し先をDFDでは表現しません。それは、DFDが「データの流れ」に焦点を置いて表現するのに対し、プロセスの親子関係は「処理の流れ」の話になるからです。

実際にDFDの記号を用いて、処理の親子関係、呼び出し関係を表現しようとすると、「プロセス同士がデータフローの矢印で接続」「データフローで引数を表現」「呼び出し元に再び矢印が接続され、戻り値を表現」が繰り返されることになります。これで一応DFDでも処理の親子関係を表現できたように思えますが、先に述べたとおり、DFDでは「実行順序」を表さないので、相互に直接接続されたプロセス同士はどちらが呼び出し元でどちらが呼び出し先か、表現できません。

図1.2.4：親子関係を表現してみる例

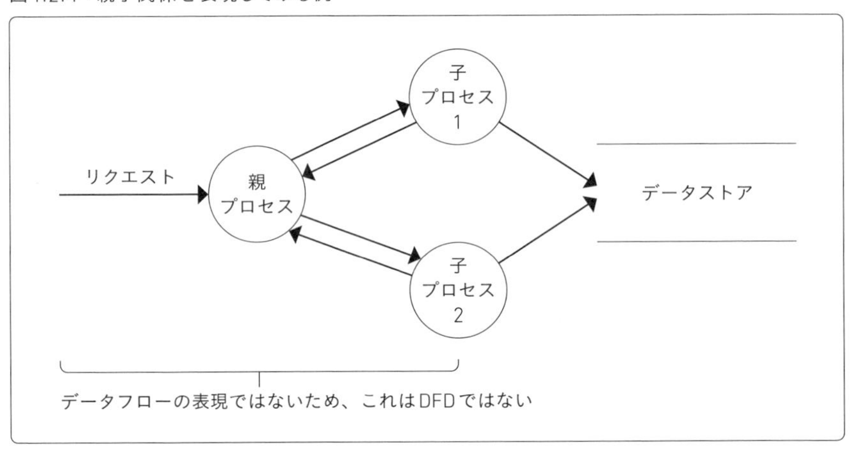

処理の単位

DFDでは、データフローとして流れてくるデータや、プロセスで処理されるデータの「件数・処理単位」を表現しません。1件ずつの処理であろうと、複数件まとめた処理であろうと、表記上は全く違いがありません。

業務分析段階でDFDを使用して表現するとしましょう。この際、1人の担当者が書類を1件ずつ受け取って処理をするか、複数の書類をまとめて受け取って処理をするか、その処理結果を1件ずつ次へ回すか、複数件まとめて次へ回すか、あるいは同じ業務を担当する複数の担当者で処理をするのか、いずれの処理であってもDFD上の表記は同じで、書類の種類が1種類である限り、データストア記号1つで表現しますし、何人の担当者で実施していても1つのプロセスで表現します。

設計段階でDFDを使用して表現する場合も同様です。プログラムの実装上、プロセスに相当するモジュールが1回起動されると、1件だけ入力して処理する場合があります。複数件を処理するためには、何度もその処理を起動する必要があるかもしれません。

一方で、モジュールが1回起動されると、処理可能なデータがある限りすべてを処理する場合もあります。ただし、これらの違いがあってもDFD上での表記に差異はありません。

フローチャートでは、書類・帳票を表す記号として単体と複数のものが存在していますが、DFDではこうした区別はしないのです。

図1.2.5：フローチャートの「書類」記号とDFDのデータストア

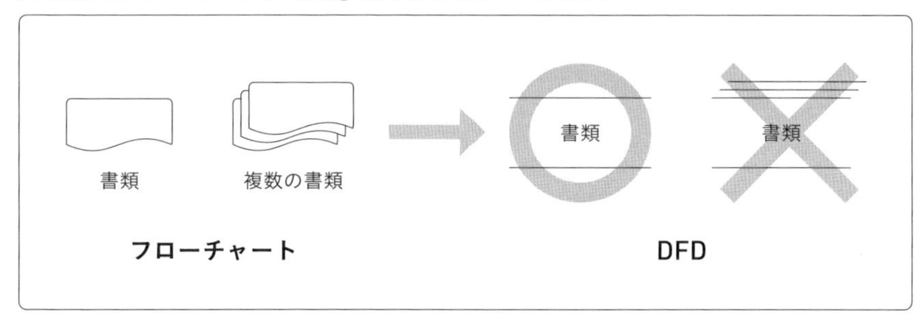

処理の単位は、その処理がいわゆるオンライントランザクションを扱うアプリケーションとして実現されるべきなのか、バッチ処理として実現されるべきなのか、また、トランザクション単位をどう扱うかという情報が重要になってきます。

このような認識の齟齬を起こさないよう、「ミニ仕様書」などに記述しておくべきです。

データの受け渡し方

プロセスがデータを扱うとき、実装レベルで考えると「呼び出されるときに引き渡される＝引数」「プロセス側から所定の場所を参照する」の2つのパターンが想定されます。業務分析レベルでは「書類や情報を渡されて担当者の業務処理が始まる（担当者への〈PUSH〉で始まる）」のか、「担当者が自ら書類や情報をとりにいく（担当者による〈GET / PULL〉で始まる）」のかの違いです。

とくに「自らデータをとりにいく」ケースでは、プロセス側から進んでデータストアを経由する弧を描いてプロセス自身に戻ってくるような絵を描きがちですが、DFDではそのような表現はしません。

図1.2.6：データの受け渡し方法に引きずられた誤った表現

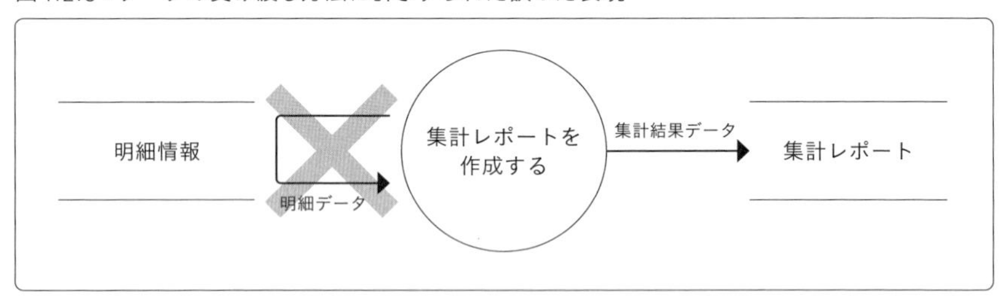

データを受けとるのであっても、とりにいくのであっても、「どこからどこへ流れるかは同じ」ですので、DFDでは同じ向きの矢印で表現されます。

シーケンス図ではメソッドの実行とデータの取得は明確に別のものとして表現されます。

図1.2.7：データの受け渡し方法によるシーケンス図の違い

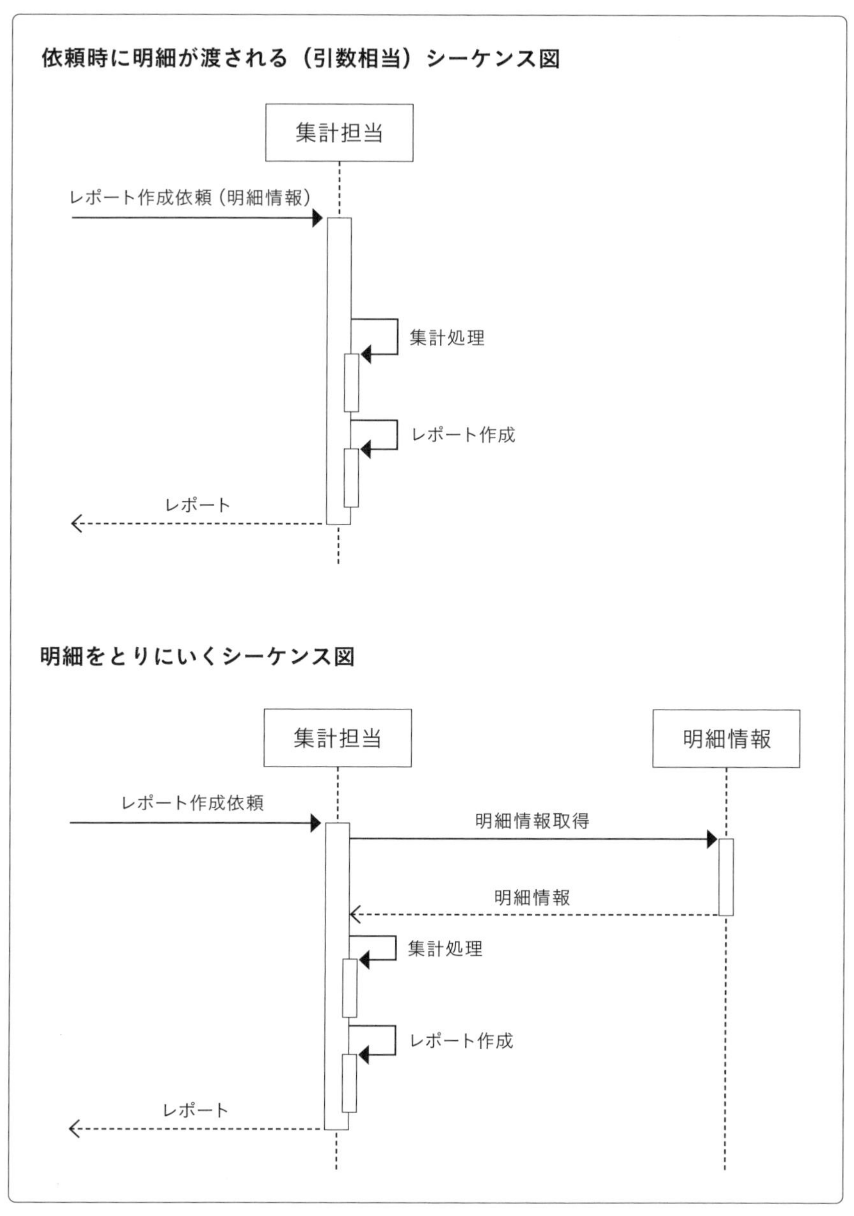

このような内容も、やはり「ミニ仕様書」に記述すべき内容となります。

データの保存媒体・入出力手段

フローチャートではデータの媒体として、書類（ドキュメント）であったり、ハードディスクやデータベースであったり、カードやテープ[※1]であったり、媒体によって記号が異なっていました。また入力・出力の手段も、手動入力や手作業なども独立した記号として存在しています。DFDではそうした区別をしません。

図1.2.8：フローチャートの保存媒体や入出力手段の記号

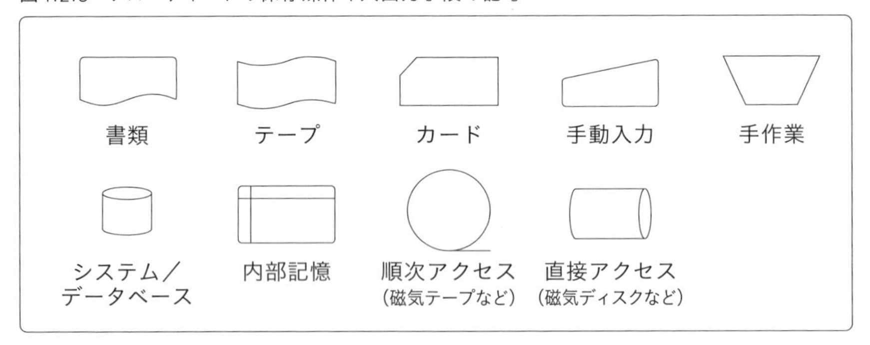

データモデル

DFDは、「データの構造」や「データとデータの関係」といったデータモデルを表現しません。論理レベルのエンティティ・リレーションシップ・ダイアグラム（ER図）とDFDは一見すると似たような構造ですが、ER図はデータの「流れ」も「プロセス」も表現しません。

しかし、データモデルの整備は、システム開発を行ううえで欠かせない要素の1つですから、別途作成することを強く推奨します。その際、DFDで洗い出された「データストア」がER図に表現される「エンティティ」の最有力候補となるなど、ER図を作成するうえでDFDが重要な情報源となるでしょう。

※1　現代では見かけることはなくなったが、ディスプレイつきのキーボードでプログラム言語を記述する方式が普及する以前の時代、プログラムを入力するのにパンチカードや紙テープを使用していた。どちらも、ビットの0/1に相当する穴を空け、その配置で文字コードを表現して機械に読み取らせることで、プログラムやデータとして認識させて処理をしていた。こうした時代を反映したフローチャートの記号は、現在では使用されることはなくなっている。

状態

DFDはシステムやデータ、オブジェクトといったものの「状態」を表現しません。データモデルと並んで、DFDでは最も表現できない要素と言えるでしょう。

状態管理は1つのプロセスの中で制御される場合、ミニ仕様書の中で状態遷移図（ステートチャート図）を用いて記述することができますし、そうすべきでしょう。しかし、異なるタイミングで起こる、異なるイベントに起因する処理によって状態の変化が発生することがあります。この場合、各プロセスに対応するミニ仕様書の中で、必要な状態変化の処理を記述することが求められます。これが完全に記述されていれば、整合性もとれます。しかし、状態遷移の全体像を理解し、その整合性を確認するには、DFDとは別に状態遷移図を用意するのが望ましいでしょう。その中で、イベントとプロセスの対応関係を整理することが有効です※2。

「ノート」の扱い

DFDの表記記号の中に、コメント・メモに相当する「ノート」を表記する記号は指定されていません。かといって、絶対にノートを使用してはいけない、ということでもありません。データディクショナリやミニ仕様書などを書き起こすほどでもない補足情報の表記として、ノートを使用してもよいでしょう。

図1.2.9：ノート

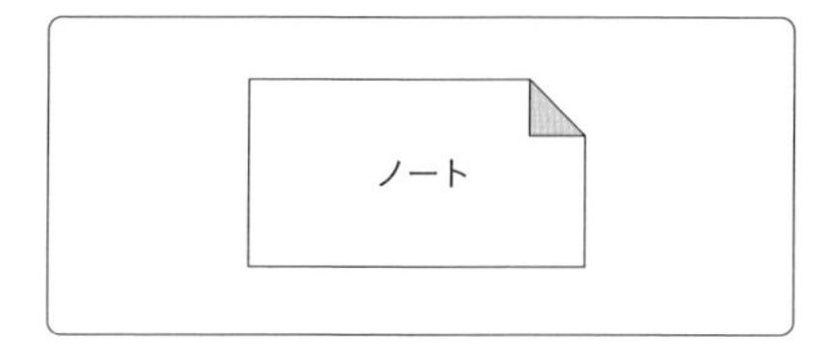

※2　DFDの規則にしたがい、極力「インプット」となったデータストアへ描き戻すようなデータフローを作らず、インプットとは別のデータストアにアウトプットするような設計をするとイミュータブル（状態変更が不可能）な設計となるので、状態遷移図のような資料の重要度を下げることができる。

次のような情報は、DFDの図解とともにノートによって注釈がついていると、理解がより促されます。

- **依存性のある複数のプロセス間の実行順序**
- **データの受け渡しの方法として、受領するか、とりにいくか**
- **条件分岐によって、特定条件においてのみ実行されるプロセスや、出力されるデータストアへの流れ**
- **並列化した処理の同期ポイントとなるプロセス**
- **プロセスの実行多重度**

UMLの各種モデルでは、ノートを表す記号が使われていることがあります。DFDでも同じ記号を利用するなど、明らかにDFDの4記号と異なるもので、メモとわかる記号を使用してください。

ただし、あまり多用すると情報自体も過多になり、また、図が窮屈で見づらいものとなってしまうので注意が必要です。

図1.2.10：「ノート」を使いすぎて混雑している図

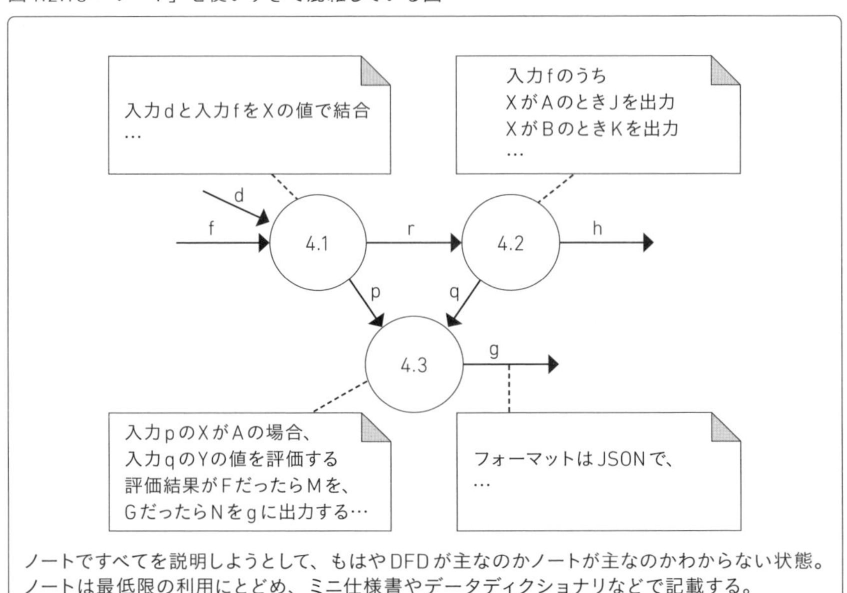

ノートですべてを説明しようとして、もはやDFDが主なのかノートが主なのかわからない状態。
ノートは最低限の利用にとどめ、ミニ仕様書やデータディクショナリなどで記載する。

03 狭義のDFD、広義のDFD

狭義のDFD

DFDという単語が表す「最も狭い意味」は、「はじめに」で触れたような、構造化分析・設計手法の登場とともに提案された、記法ルールにのっとって描かれた、1つから複数の図そのもの、となります。

「DFDの歴史と現状」でも触れたとおり、すでにDFDという単語自体の知名度、認知度が非常に低い状況となっています。そのため、DFDという単語を知っている人、現在でも日常的に使用している人の間でも、実際にイメージしているものが異なっていることがあります。

DFDを使用して分析、設計を行うときには、まず関係者間でDFDという言葉が指し示すものの意味について、認識を合わせておく必要があるでしょう。

広義のDFD

「データフロー図」と呼ばれるもの

あらためていうまでもなく、DFDはData Flow Diagramの略です。Diagramには、いくつかの意味があり、とくに鉄道の運行計画を表す線状の運行図表を連想する方も多いかと思いますが、シンプルに「図解・図式」という意味の英単語です。よって、Data Flow Diagramを日本語で「データフロー図」と表現しても、直訳的には同じ意味です。

しかし筆者の経験上、「データフロー図」と呼ばれるドキュメントには、「狭義のDFD」で触れたような基本的なルールにのっとらない、オリジナリティにあふれるドキュメントがたくさん存在しています。データの流れに焦点を当て、データの入力（元）・処理・出力（先）を整理した分析・設計資料であれば、「データフロー」

の図であることには間違いありません。

「はじめに」でも触れた銀行における設計資料でも、「データフロー図」という言葉が使用されています。その設計書のイメージを見ても、明らかに狭義のDFDで示されるような記法とは違った図解で記述されています。銀行のエピソードでは、狭義のDFDとは異なる記法で分析・設計を行ったものの、それによってデータの流れと処理が可視化され、大規模化、複雑化したシステム構造を読み解くうえで大きく貢献し、その役割を大いに果たしています。

IPAの情報処理技術者試験の受験・合格を推進している大手システムインテグレータ企業が作成した「DFD」と称する設計書が、ヨードン・デマルコ記法でもゲイン・サーソン記法でもない、それらに類似したものでもない、オリジナリティあふれるドキュメントだったときには驚きました。DFDという名のついたドキュメントの作成を指示する側、指示される側の双方が、「DFDとは何か」を一度は学んでいるはずですが、「DFDといったらこれ」という認識が統一されていなかったというのが現実です。

図1.3.1：「データフロー図」と呼ばれる資料のイメージ

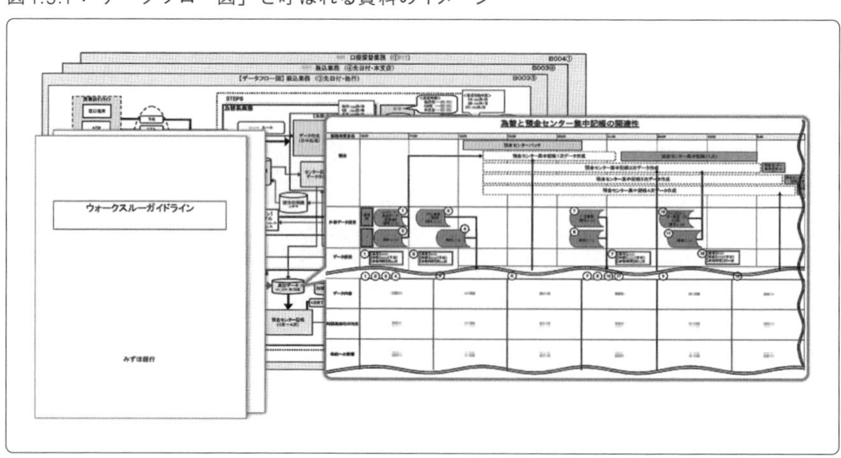

引用元：https://xtech.nikkei.com/atcl/nxt/column/18/00867/071700016/

この本では、この「図」としてのDFDについて言及するとき、狭義のDFD、つまり、ヨードン・デマルコ記法やゲイン・サーソン記法など、統一された4記号で表現した図解法にのっとったものを対象とします。それ以外の「データの流れに焦点を置いた分析・設計資料であるが、オリジナルな表現を用いたもの」については、「データフロー図」という言葉を用いることとします。

付帯資料まで含めたDFD

ここまでにおいても、DFDの記法に基づいて表現された図のほかに、「ミニ仕様書」「データディクショナリ」に触れてきました。

図解としての「狭義のDFD」それ単体では、概要を大きくつかむことはできますが、ダイアグラムだけでは情報量として足りていません。

より詳細な分析・設計に落とし込み、実装につなげるためには、これらの付帯資料は不可欠です。「ダイアグラムで表現すること、しないこと」で触れた各種の情報は、こうした付帯資料に記述することになりますので、そこまで含めて、「分析資料・設計資料としてのDFD」の果たすべき役割を満たすことになります。

「DFDを作成する」というタスクがあるとき、狭義のDFDとしての図までの範囲を求められているのか、付帯資料までそろった一式を求められているのか、期待されている内容によって、作業量、作業時間も大幅に変わってきます。「DFD」という言葉が何を指し示す言葉として利用されているか、関係者間で認識を合わせることが、手戻りやスケジュール遅延を回避するうえで重要になってきます。

図1.3.2：一式そろったDFDドキュメントイメージ

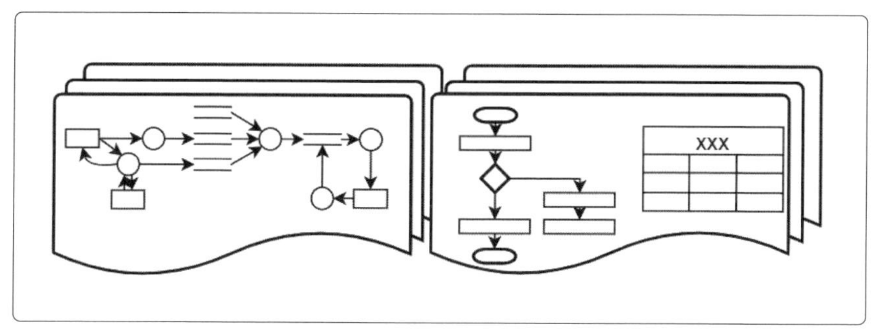

04 コミュニケーションツールとしてのDFD

何のために作るのか

DFDに限らず、分析・設計の図や資料は、それに関係する人たちの間で認識を共有するために作成するものです。一緒にシステム分析や設計を進めていく人同士の認識合わせのために、実装担当者に依頼したい内容を伝えるために、保守・改修担当者に稼働中のシステムの構成を伝えるために、こうした資料を介してコミュニケーションをとります。こうしたコミュニケーション目的がないならば、そもそもこのような資料は作成する必要はないでしょう。

ここでは、DFDについて「コミュニケーション」の観点で解説します。

DFDを使用したコミュニケーションシナリオ

DFDは、「主に上流工程で使用される」と解説されることが多いのですが、次のとおり、上流工程から下流工程まで、あらゆるフェーズでのコミュニケーションに活用することができます。

業務分析・要件定義フェーズでのDFDの利用

プロジェクトの初期段階である業務分析や要件定義のフェーズでは、業務やシステムの現状、実現しようとしている将来の要件を明確にし、顧客やステークホルダーと認識相違がない状態にすることが重要です。DFDを使用して、システムがどのように動作するか、どのようなデータが処理されるかを視覚的に説明することで、関係者全員が同じ理解を共有できます。

たとえば、新しい顧客管理システムを導入するときに、DFDを用いて顧客情報の入力、保存、検索、更新の各プロセスを示します。ヒアリングした内容、そこから理解した内容をDFDで図解することにより、そのDFDを見た顧客はシステムの全体像を把握しやすくなり、伝えた内容が正しく理解されているか、伝えたのに取り込まれていない要件はないか、伝え漏れていることはないかといったフィードバックを迅速に提供できます。

設計フェーズでのDFDの利用

設計フェーズでは、システムの具体的なアーキテクチャやデザインを決定します。DFDを用いることで、開発チームは各プロセス間のデータフローやインターフェースを明確に理解できます。これにより、システム全体の設計が一貫し、後の開発フェーズでの手戻りを防ぐことができます。また、要件定義段階からDFDを利用している場合、要件DFDからのブレークダウンという形でDFDを描くことになり、設計と要件との対応関係の確認もスムーズになるでしょう。

たとえば、ウェブアプリケーションの設計において、ユーザー認証プロセスやデータベースへのアクセス方法をDFDで視覚化します。これにより、開発チームは各コンポーネント間の連携の理解、入出力のヌケモレの確認、実装仕様を詳細化すべきプロセスの特定といった作業が効率化されます。

テストおよび評価フェーズでのDFDの利用

テストフェーズでは、システムが要件を満たしているかを検証する必要があります。DFDは、テストケースの作成やテスト計画の策定に役立ちます。各プロセスやデータフローをDFDで確認することで、どの部分をテストすべきか、それぞれのテストケースにどのようなテストデータを用意すべきか、確認すべき結果データは何かが明確になります。

たとえば、ECサイトの注文処理システムをテストする場合、DFDを参照して注文情報の入力から発送までの全プロセスを確認します。これにより、テストチームは各ステップで発生しうるエラーを予測し、効果的なテストを実施できます。

メンテナンスフェーズでのDFDの利用

システムが稼働した後も、メンテナンスやアップデートが必要です。DFDを使用することで既存システムの理解が容易になり、新しい要件や変更が発生したときに迅速に対応できます。とくに、新しいメンバーがプロジェクトに参加する場合、DFDはシステム全体の概要を迅速に把握するための有効な手段となります。

たとえば、既存の在庫管理システムに新しいレポート機能を追加する際に、DFDを参照して現在のデータフローを理解し、新機能がどのように既存システムに統合されるかを計画します。レポート機能の追加の際に、従来機能では流れてこないデータをレポート出力するような要件がある場合、データフローの途中に機能を追加・修正することになりますが、この修正によってどこに影響が及ぶ可能性があるかの特定が容易となり、修正作業の注意点やリグレッションテスト[※3]の範囲の特定が効率化されます。このようにしてメンテナンス作業が効率的かつ正確に進められます。

DFDが苦手なものを補う

図解法としてのDFD、つまり「狭義のDFD」は「ダイアグラムで表現すること、しないこと」で触れたとおり、「表現しないもの」を図解だけで表現することは苦手です。

よって、そうした情報を補完する資料を整備し、コミュニケーションの齟齬をなくす必要があります。補完手法としてよく利用されるのは、次のような資料です。

フローチャート

フローチャートは、プロセスの詳細なステップやロジックを表現するのに適しています。DFDで高レベルの概要を示した後、フローチャートを用いて各プロセスの具体的な手順や条件分岐を詳細に記述することで、システムの全体像をより深く理解できます。

DFDのプロセス同士の順序や実行条件を示すフローチャートを作成したり、プロセス内部の処理の手順詳細を記述したりするものとして、「ミニ仕様書」の中に記述するケースがあります。

※3　別名「回帰テスト」。プログラムの一部分を変更したことで、ほかの箇所に不具合が出ていないかを確認するためのテスト。

シーケンス図

UMLの図法の1つとして取り上げられるシーケンス図は、システム内のオブジェクト間でのメッセージ交換を時間軸に沿って示すダイアグラムです。これにより、プロセスがどの順序で実行されるのか、メッセージとして授受されるデータがどのように流れるのかを明確にすることができます。DFDと組み合わせて使用することで、システムの動的な振る舞いを補完できます。

とくに実装に近い段階の設計を検討する際に、呼び出しと戻り値、オブジェクトの生成などの情報を補完するうえで有力な表現方法であり、プロセスの仕様を記述する「ミニ仕様書」の中での記述に適しています。

エンティティ・リレーションシップ・ダイアグラム（ER図）

ER図は、データの構造や関係性を視覚化するための手法です。DFDでデータフローを示した後、ER図を用いて各データの具体的な構造やデータベース内での関係性を明示することで、データモデルの理解を深めることができます。

状態遷移図（ステートチャート図）

状態遷移図は、システムの各状態とそれらの状態間の遷移を視覚化するのに役立ちます。とくに複雑な状態管理が必要なシステムの場合、DFDと併用することで、システムの全体的な動作や状態変化をより明確に把握できます。

05 第1章のまとめ

ここまででDFDという図解法の基本的な要素と、DFDの表現能力の高さについて説明しました。そして、DFDでは表現できない、表現しづらい要素も併せて紹介し、その対処法についても触れてきました。このようなDFDの特徴は、コミュニケーションツールとしても非常に優れているのと同時に、DFDという単語それ自体が持つ意味、DFDという単語からイメージするものの認識をそろえることが必要であることにも触れています。これらは、DFDが持つ「静的側面」です。

次章からはDFDの「動的側面」、つまり具体的にDFDを描くプロセスについて、その基本的な手順および構造化分析・設計の手法に基づく詳細な手順を解説します。

第2章

DFDの描き進め方の基本

うまく描くコツは「階層化」にあり

佐藤さんにアドバイスをもらい、DFDの存在を知った田中さん。新しく手に入れた道具はすぐに使いたくなるのが人間の性……。

田中

「佐藤さん、DFDって何から始めればいいのですか？」

佐藤

「まずは全体像をつかむことだね。システムの入力と出力を考えて、大まかなプロセスを描いていくんだ」

田中

「なるほど！　じゃあ、さっそくやってみます！」

田中さんが必死に紙に何かを描いている。

田中

「よし、できました！」

田中さんが描いた絵を見せる。そこには複雑すぎる迷路のような図が……

佐藤

「それ、DFDというより迷路図解になってるよ……」

田中

「えっ!?　システムって迷路みたいじゃないんですか？」

とある冒険もののゲームにおいて、「船を入手するまでは一本道のストーリーだったけれど、船を入手したら自由に動ける範囲が広がって、むしろ次に何をしてよいかわからなくなった」「とりあえず無計画に動き出したら、太刀打ちできないモンスターに遭遇して倒されてしまい、それ以来、やる気を失ってしまった」といった話を聞くことがあります。

第1章までは、DFDの表記法のルールや特徴を中心に解説しました。これは、先ほどのゲームにたとえると「船とは何か、船で何ができるのか、船旅に使う道具は何か？」の説明です。それだけでいきなり船をこぎ出して、適切な目的地にたどり着くことは難しいかもしれません。

DFDを描くにあたって、表現方法についてのルールはありますが、順序・進め方については、厳密なルールはありません。だからこそ、どうしてよいのか迷う要素も多いです。

ゲームに限らず、日常生活や仕事においても、新しい道具を入手したり、新しい手法を身につけたりするとき、こういったポイントでつまずくことも多いでしょう。

入手した船で、航海に出る前に、目的地を定め、現在地を把握し、どのような航路をとるべきかといったことを学んでおくことで、迷うことが少なくなるでしょう。ゲームでは直接学びませんが、リアルの世界では「航海術」と呼ばれる技術を知っておく必要があります。

DFDという道具を手に入れた後、業務やシステムを分析・設計して問題を解決するという「目的地に向かうための航路」＝進め方について解説するのが、この章の目的です。

01 階層化・詳細化の必要性

一般的に、DFDは構造化分析のアプローチとともに用いられ、トップダウンアプローチで階層化・詳細化を進めていきます。階層化という概念を採り入れない場合、業務やシステムを詳細に描写しようとすればするほど、大量のプロセス、大量のデータストア、それらをつなぐ大量のデータフローによって描かれる、複雑で広大なDFDを作成することになります。本章の中でも、適切な分割度や詳細度という話の中で図解例が出てきますが、複雑なシステムを1つのDFDで描き、それを読み解くこと自体が非常に困難です。

ここでは、プロセスの詳細化と階層化の必要性について説明します。

システムの複雑さの管理

システムは複数の機能や処理を含むため、全体を一度に理解することが難しくなります。プロセス1つだけで描く単純なDFD（後ほど解説する「コンテキストダイアグラム」）だけでは、そのプロセスに含まれる手順や処理の要素が多く、それらを解説する仕様書は膨大なテキストとなるでしょう。これでは、わざわざDFDという表記法を採り入れる意味はほとんどありません。

逆に1枚のDFDに、非常に詳細な粒度のプロセスが大量に描かれている場合はどうでしょう。一つひとつの要素を解説する仕様書はシンプルなものになりますが、冒頭で説明したとおり、プロセスやデータストアを示す大量の記号が散らばり、それらをつなぐデータフローの矢印も絡み合う、複雑で広大なDFDとなります。

詳細化することで理解しやすい小さな単位に分割し、一つひとつのプロセスの役割や動作を明確にしつつ、階層化を用いて、その階層ごとに適切な情報粒度でダイアグラムを描くことで、全体の複雑さを管理しやすくなります。

役割分担の促進

システム開発には、業務やサービスの観点、ソフトウェア、プロダクト、アーキテクチャの観点から、さまざまな専門分野の担当者が関わります。階層的に詳細化されたDFDを使用することで、各専門家が関心を寄せる範囲と粒度を適度に分割管理できるようになり、自分の担当する部分に焦点を当てやすくなります。

たとえば、データベース専門家はデータストアに関連するプロセスに集中し、フロントエンド開発者はユーザーインターフェースに関連するプロセスに集中することができます。階層化により、専門家が特定の階層や詳細な部分に特化して作業できる環境を提供します。

コミュニケーションの向上

階層化・詳細化されたDFDは、チームメンバー間のコミュニケーションを円滑にします。具体的なプロセスやデータフローを図示することで、曖昧さを排除し、全員が同じ理解を共有できるようになります。これにより、設計や実装における誤解やミスを減らすことができます。階層化により、異なるレベルの詳細度でコミュニケーションをとることができ、全体像と細部の両方を効果的に伝えることができます。

問題の早期発見と解決

階層化・詳細化することで、各プロセスの内部構造やデータの流れが明確になります。これにより、設計段階で潜在的な問題を早期に発見し、修正することが容易になります。たとえば、データの不整合や冗長なプロセスなどの問題を、階層化・詳細化されたDFDを通じて発見しやすくなります。階層化により、特定の階層で発生する問題を迅速に特定し、解決策を講じることができます。

維持管理の容易化

システム開発は、分析・設計段階でも何度も見直しを行いますし、開発後も運用・保守が続きます。階層化・詳細化されたDFDは、システムの維持管理を容易にします。たとえば、特定の機能を追加する場合や既存の機能を変更する場合、階層化・詳細化されたDFDを参照することで影響範囲を明確にし、必要な変更を効率的に行うことができます。階層化により、システムの異なる部分を個別に管理しやすくなり、変更の影響を最小限に抑えることができます。

ユーザビリティの向上

システムの詳細な理解は、ユーザーエクスペリエンスの向上にも寄与します。各プロセスがユーザーのニーズや操作にどのように応答するかを明確にすることで、ユーザビリティの高いシステムを設計できます。ユーザーインターフェースの各要素がどのように機能するかを具体的に示すことで、より直感的で使いやすいシステムを構築できます。階層化により、ユーザーインターフェースの各レベルがどのように連携するかを明確にし、全体的な使いやすさを向上させることができます。

このように、階層化・詳細化はシステムの設計、開発、運用、保守のすべての段階で重要な役割を果たします。このプロセスを通じて、システム全体の理解が深まり、効率的で効果的なシステム開発が可能になります。

02 どのように階層化・詳細化するか

トップダウンで分析・設計した内容をDFDで描画する場合、最初に作成するのは「コンテキストダイアグラム」です。その対象が全体としてどんな役割・動作をするものかを示すとともに、分析対象・システム化対象の範囲を宣言するものとなります。このとき、プロセスを表す記号は1つ、これに対して外部エンティティ、および、その外部エンティティとの入出力が複数あるという図になります。

その後、コンテキストダイアグラムで示されたプロセスを分解、詳細化します。まずは主要なプロセスを抽出して描く「レベル0」と呼ばれる階層のDFDを作成し、そこからプロセスごとに、さらに詳細化したレベル1、レベル2……となるDFDの作成を進めます。

図2.2.1：コンテキストダイアグラムと、レベル0以降のダイアグラム

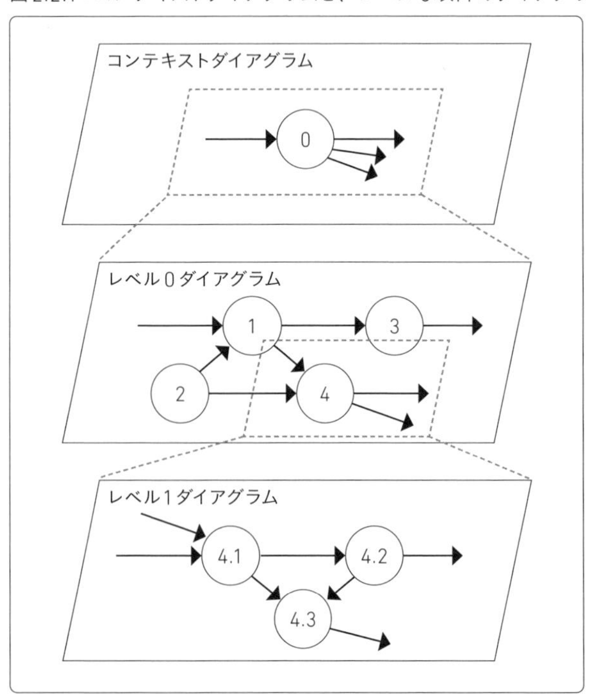

階層化の規則

階層化・詳細化には、最低限守るべきルールがあります。階層化・詳細化の具体的な進め方に触れる前に、階層化の規則について説明します。

親子関係

各階層のDFDにおいて、親プロセス（上位プロセス）が子プロセス（下位プロセス）を持ちます。親プロセスを詳細化したものが子プロセスであり、子プロセスが親プロセスの機能を具体的に示します。これにより、システム全体が段階的に詳細化され、各レベルで具体的な機能が明確になります。

図2.2.2：親子関係

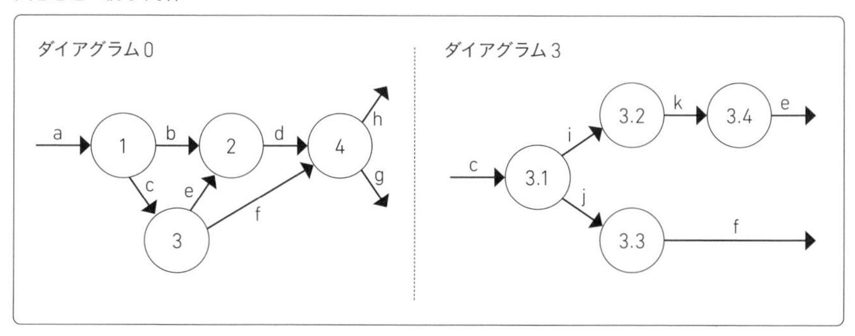

この図は、プロセスの親子関係を示したものです。「1」「2」「3」「4」の4つのプロセスからなる上位層のDFD「ダイアグラム0」に対し、そのうち親となるプロセス「3」の子としてより詳細に表現した「ダイアグラム3」では、さらに4つのサブプロセス「3.1」「3.2」「3.3」「3.4」によって構成されている、という関係性を示しています。

「ダイアグラム0」ではプロセス「3」に対するデータフローとして、入力の「c」、出力の「e」「f」が存在しています。プロセス「3」の子の「ダイアグラム3」では、始点となるプロセス「3.1」に対して、入力データフロー「c」が表現されています。そして終点となる2つのプロセスでは、プロセス「3.3」からデータフロー「f」が、プロセス「3.4」からデータフロー「e」が、それぞれ出力データフローとして表現されており、子のダイアグラム全体として親プロセス「3」と同じ入出力を表しています。

バランス

親プロセスと子プロセス間で、データの流れが一致する必要があります。具体的には、親プロセスの入力と出力のデータフローが、子プロセス全体の入力と出力のデータフローと整合していることを意味します。これにより、データの一貫性と正確な流れを維持し、矛盾を防ぎます。

図2.2.3 :「バランスがとれていない」親子関係

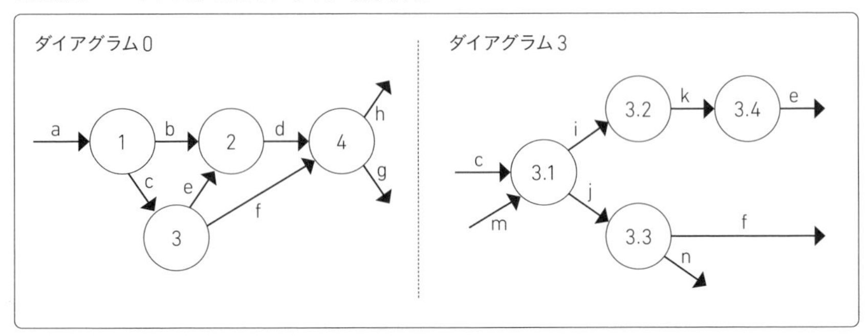

先ほどの図2.2.2：親子関係で示した図は、「バランスがとれている」状態です。これに対して、新たに示した図2.2.3：「バランスがとれていない」親子関係の図は「バランスがとれていない」状態です。親となる「ダイアグラム0」のプロセス「3」では、入力データフローは「c」1つですが、子ダイアグラム「ダイアグラム3」に対して、入力データフローとして「c」、「m」の2つが描かれています。この入力データフロー「m」がどこからやってきたものなのか、このDFDからはわからず、読み手は混乱し、各々が仮説に基づく独自の解釈を与え始めると認識齟齬を引き起こします。同様に、プロセス「3」の出力は、親ダイアグラム上は「e」「f」の2つのデータフローですが、子ダイアグラム上では、「e」「f」「n」の3つのデータフローとなっており、整合性がとれていません。

子ダイアグラムへの入力となるデータフローは、必ず親ダイアグラムに対応するプロセスへの入力のデータフローと一致している必要があります※1。出力について

※1 『構造化分析とシステム仕様』では、入力についても、親ダイアグラムで1つのデータフローで表されているのに、子ダイアグラムに対して2つのデータフローで入力している場合でも、「バランスがとれている」と解釈されるケースを解説している。親ダイアグラム上の1つのデータフローで表されたデータの内容が細分化され、子ダイアグラム上で2つに分解されて2つのデータフローになっている場合に「バランスがとれている」と見てよいものと解説されているが、データディクショナリと照合しないと整合性を確認できないため、このような表記は推奨しない。

も同様です。

ただし、出力に関しては前の状態を全く変えないような、重要ではない処理を表現する場合は必ずしもバランスをとる必要はない、とされています。つまり、「ダイアグラム3」上で、プロセス「3.3」からの出力データフロー「n」が、ほかの処理や状態に影響をしないものである場合は、親ダイアグラム上に表現されていなくても構わないということです。

なお、このような処理の例には次のようなものがあります。

- **エラーメッセージの生成**
- **ログの記録**
- **再入力の要求**
- **リジェクトデータの生成**

「リジェクトデータ」とは入力データ不正、ビジネスルール違反、重複、外部システムのエラーなどに該当したデータを記録するものを意味します。

番号づけ

各プロセスには一意の番号を付与します。第1層のダイアグラム（コンテキストダイアグラム）のプロセスは1つの番号（通常は「0」）を付与しますが、これは表記上記述しません。

レベル0ダイアグラムのプロセスには「1」「2」「3」などの番号がつけられます。以降のプロセスは、上位レベルの番号に基づいて番号づけされます（例：「1.1」「1.2」など)。番号づけにより、プロセスの階層構造と関連性が明確になります。

このようなルールで番号づけを行うことで、プロセス番号のドットの数から、与えられたダイアグラムが所属する階層を知ることができます。

あまりにも階層が深くなってしまった場合、プロセスの記号内に表記する番号情報が長くなり、扱いにくくなることがあります。そのような場合、「ダイアグラム名称（ダイアグラム題名）に「親プロセス」の番号を付与し、子となるダイアグラム内で一意となる番号を用いてプロセスを表現しても構いません。

図2.2.4：プロセス番号の省略記法

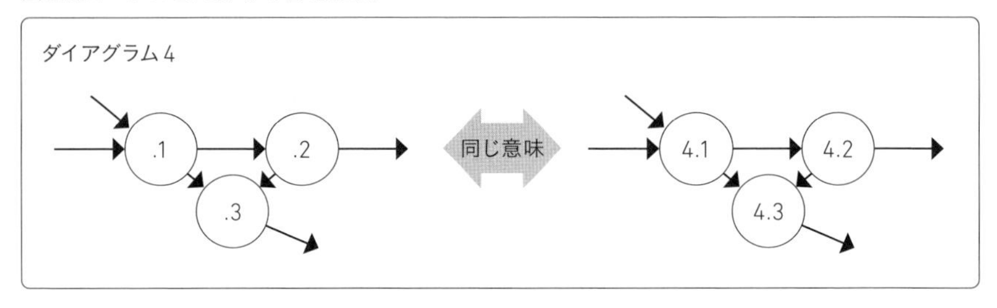

この図の例を、前述の番号づけルールにのっとって解釈してみます。ダイアグラムのタイトルには「ダイアグラム4」と記載されていて、プロセスの番号は「.(ドット)」から始まる省略記法を用いています。よって、ダイアグラムのタイトルは親プロセスの番号を示しています。親プロセスの番号にドットはありませんので、「レベル0」ダイアグラム上で表記された「プロセス4」を詳細化したダイアグラムであることがわかります。よって、表記されたプロセス「.1」「.2」「.3」は、それぞれ「4.1」「4.2」「4.3」に該当します。なお、省略記法を用いない場合でも、ダイアグラムに付与するタイトルは、このルールにのっとった番号体系を用いた方が管理がしやすいでしょう。

プロセスに付与する番号は、付帯資料となるミニ仕様書との照合の際にも使用されるため、階層化・細分化されて複数作成されたDFDの中で一意性を保つ必要があります。

内部ファイル／データストア

DFDにおける内部ファイル（データストア）は、システム内部で使用されるデータの保存場所を示します。各階層のDFDで、データストアがどのプロセスと関係するかを明示し、データの保存とアクセスの仕組みを明確にします。

子のダイアグラムの中だけで使用されるデータストアは、親のダイアグラム上に何ら影響を及ぼさないため、親のダイアグラム上に出現することはありません。それは、子のダイアグラム内で閉じた「データフロー」が親のダイアグラムに出現しないのと同様です。

図2.2.5：データストアと階層関係

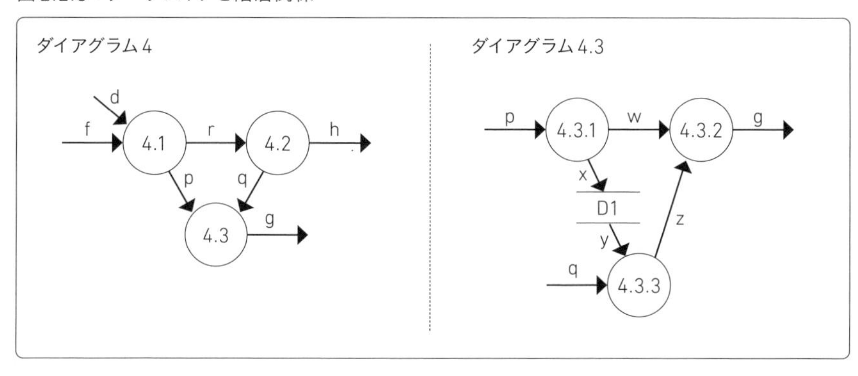

図2.2.2：親子関係ではプロセス「4」に対して、入力データフローとして「d」「f」があり、出力データフローとして「g」「h」が表現されています。これを展開したものが図2.2.5：データストアと階層関係の「ダイアグラム4」です。さらに、このプロセス「4.3」を展開した「ダイアグラム4.3」では、データストア「D1」が出現していますが、このデータストアはプロセス「4.3」の中で閉じた存在であり、親となる「ダイアグラム4」には出現しません。同様に、データフロー「w」「x」「y」「z」も「ダイアグラム4」には出現しません。

さらに深い階層を表現した場合、たとえばプロセス「4.3.1」を詳細化したダイアグラムを描く場合、そのダイアグラムには、データストア「D1」と、その「D1」に対する出力のデータフローが描かれているべきです。同様に、プロセス「4.3.1」を詳細化したダイアグラムには、データストア「D1」と、その「D1」からの入力のデータフローが描かれているべきです。

データストアが出現する最初の（上位の）階層で、そのファイルに対する入出力のインターフェースに相当するデータフローがすべて表現されている必要があります。データストア「D1」は、プロセス「4.3.1」と「4.3.3」、およびその子孫以外では使わないことを意味します。そして、そのデータフローの向きと数からは、プロセス「4.3.1」とその子孫からデータストア「D1」に対して1種類の出力だけを行い、プロセス「4.3.3」とその子孫からはデータストア「D1」から1種類の読み取りだけを行う、ということを表すことになります。

図2.2.6：データストアの入出力

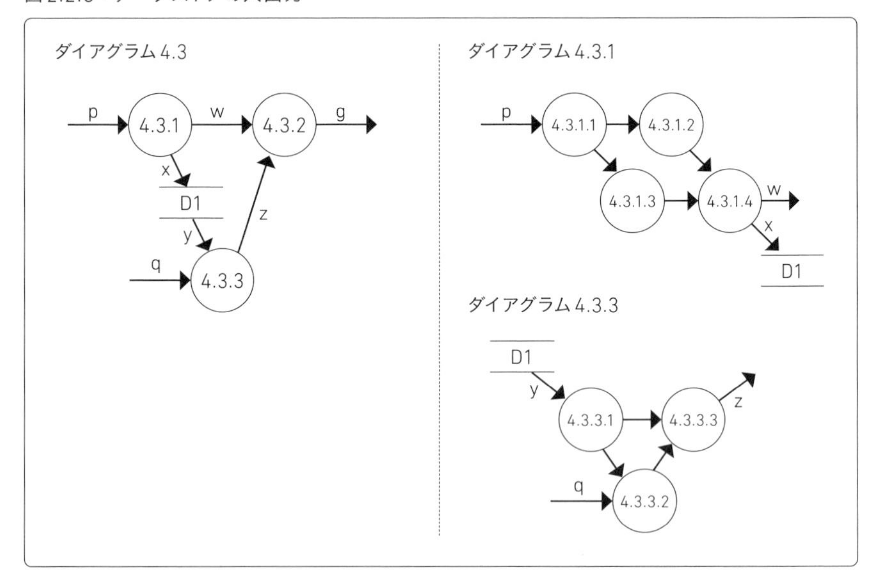

各層から見た情報の入力元と情報の出力先

これまで、階層化によるレベル1以下のDFDの例をいくつか示してきました。各層のダイアグラムでは、最初のデータの入力元や最終的なデータの行き先について、バランスをとることを意識してきました。しかし、その内容を図として明示することはしていませんでした。よって、子のダイアグラムを見ているとき、その入力元、出力先は、親の階層を参照しないと判明しませんが、あえてこのように表現しています。これには複数の理由があります。

たとえば、ここまで取り上げてきたDFDにおける、プロセス「4.3.1」に対する入力のデータフロー「p」は、どこから入力されているでしょうか。親となる「ダイアグラム4」のプロセス「4.3」を確認すると、プロセス「4.1」からの入力であることがわかります。プロセス「4.1」については、これまで詳細に触れていませんでしたが、複数の処理の集合体、つまり「レベル2」のダイアグラムが存在する可能性があります。レベル2のダイアグラムには「4.1.x」という付番体系のプロセスが複数存在し、そのうちのどれかがプロセス「4.3.1」の実際の入力元として特定される可能性があります。このような場合にプロセス「4.3.1」の入力元を明示する場合、記述すべきはプロセス「4.1」でしょうか、それともプロセス「4.1.x」でしょうか。同じレベル感でそろえた方が「美しい」と感じるかもしれませんが、そのためには、「親」をたどってプロセス「4.1」を特定した後、その子のダイアグラムを参照して、最終的にプロセス「4.3.1」に対する出力を担っているものを特定しにいく作業が発生します。このような形で、「どの層にそろえた情報で表現すべきか」を検討する必要が出てきます。せっかく、階層化による詳細化、細分化によって関心の範囲を区切り、分析・設計がしやすいような単位で扱おうとしているのに、その関心の外のことに労力を割く必要が発生してしまいます。そして、レベル2ダイアグラムの検討、および、プロセス「4.3.1」の検討においては、その入力元のプロセスが何であれ、「データフローとしてどのような情報が入力されるか」が最大の関心事ですから、入力元をダイアグラム上に明記することにかける労力に見合う価値が得られません。それは出力側においても、全く同じ話となります。

また、入力元、出力元は「変化」する可能性があります。こうした変化に対し、あらゆる階層のダイアグラムで細かく記述していた場合、その修正作業も膨大になります。やはりこれも、投入する労力に見合う価値が得られる作業ではありません。

図2.2.7：入出力の相手のすべてを表現しなくてよい

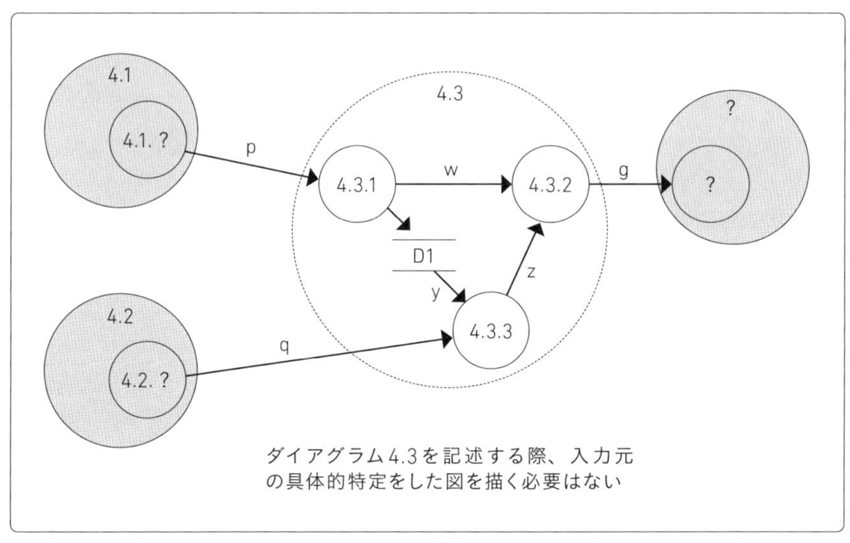

分割度

100や1000のプロセスが1つのダイアグラムの中に存在している場合、それを適切に扱うことは不可能に近いでしょう。では、1つのダイアグラムの中で一度に扱えるプロセスの数はどの程度でしょうか？

過剰な分割は複雑化を招き、逆に不十分な分割はシステムの詳細を捉えきれない可能性があります。適切な分割度を維持することがシステムの理解を容易にし、分析や設計の精度を高めます。

このような分割度の指針については、「7つ以下に分割する」ことが、目安の1つとして示されています。この「7」という数字は、DFDに限らず、「人間の頭脳は7つ以下のものを効率的に処理できるが、それ以上になると効率が落ちる」という「ミラーの法則」を根拠にしています[※2]。

図2.2.8：7つ以内に収めると理解しやすい

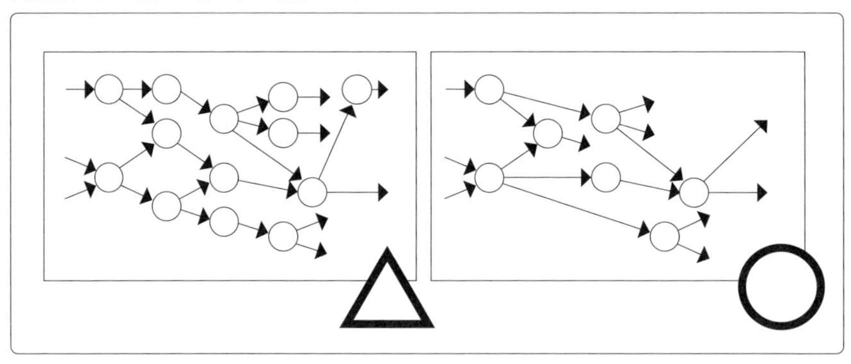

※2　ジョージ・ミラー（George Armitage Miller）は、米国ハーバード大学の心理学者。1956年に発表した論文「The Magical number seven, plus or minus two」に登場した「人間が短期記憶に保持できる情報の数は7±2」という主張は、「マジカルナンバー7±2」「ミラーの法則（Miller' s law）」と呼ばれ、現代においても、コミュニケーション術、仕事術、マーケティングなどのシーンでも頻繁に引用される。

03 DFDを描き進めるヒント

階層化によってDFDの詳細化を進める手法、および、その階層化における規則について説明してきました。ここからは各層のダイアグラムの描き進め方、ダイアグラムの要素を描くうえでの着眼点などを中心に解説します。

DFDを描き進める基本的な順序は、以下に示すトップダウンのアプローチですが、実際に分析、設計を進めていく中で思考をめぐらせると、上層と下層を行き来しながら要素を追加したり、整合性を確認したりすることになります。

- **コンテキストダイアグラム（全体像と、外部との入出力の定義）を作成する**
- **レベル0 DFD（コンテキストダイアグラムを1段階詳細化したもの）を作成する**
- **レベル1以降のDFD（さらに詳細化したもの）を作成する**
- **最下層のDFDの要素にひもづける仕様書に、DFDでは表現できない詳細仕様の情報を記述する**

コンテキストダイアグラムを作成する

コンテキストダイアグラムとは、DFDにおけるレベル0ダイアグラムを作成する前段階の、最も粒度の粗い図です。コンテキストダイアグラムには、1つのプロセスを表す円記号に対して、最終的な入力と出力が表現されます。

この図はあまりにもシンプルすぎるので、本当にこのようなものを作る意味があるのか？　という疑問が起こるかもしれません。それでも、最初にわずかな時間でもかけて、コンテキストダイアグラムを作成しておくことを推奨します。

「コンテキスト」は「文脈、背景」という意味です。コンテキストダイアグラムとして描くシンプルな1枚の図は、これから分析・設計していくうえで焦点を当てる範囲という、関係者間でのコミュニケーションの大前提を宣言するものという意味合いがあります。

要件定義や仕様検討の議論が白熱すると、関係者の幅広い要望がたくさん出てきて、ときに利害関係から意見が衝突したり、要望が要望を生み出して無限に広がって収拾がつかなくなったりすることがあります。このような際に、検討の範囲を明示したコンテキストダイアグラムが作られ合意されていれば、必要以上の議論の発散を抑え、「自分たちは何を実現しようとしているのか？」という、集中すべき本題に立ち戻ることができます。

コンテキストダイアグラムの例

図2.3.1：コンテキストダイアグラムの第一歩

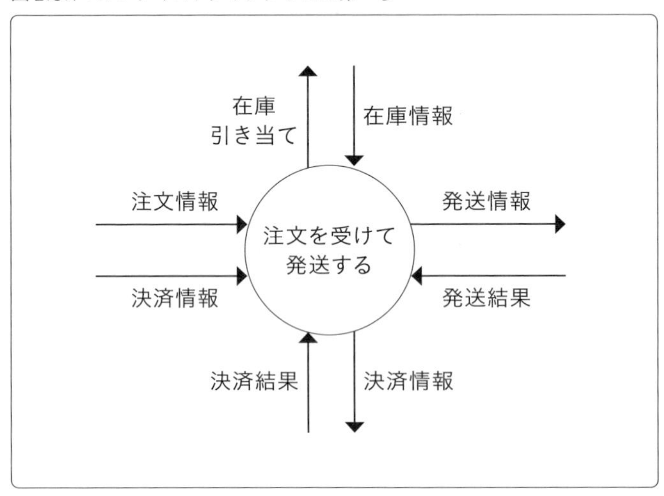

この図の例では「注文を受けて商品を発送する」という、企業間取引であれ個人顧客向けであれ、ありがちな商品販売取引に関して発生する業務をまるっと1つのまとまりとしてイメージしつつ、そこに関連してくる情報の入出力を表現した最も粗いレベルの図です。

DFDでは「実行順序を表現しない」と解説しましたが、実際に描き始めると思い浮かべた実行順序、そこに登場する情報の順序に沿う形で、データフローを示す矢印を書き足していくことになるでしょう。そして、時系列が異なる入出力も思い出してさらに書き加えていく、そんな作業になるでしょう。

次の点についても、最初はあまり気にせず進めて構いません。

- **入力元や出力先が人かシステムか**
- **プロセスで表現される手続きが人によるものかシステムによるものか**
- **1人で処理するのか、複数人で処理するのか**
- **関わる人が同じ部署の人か、別の部署の人か**

これらの詳細な点は、後で段階的に表現していけばよいのです。

またデータフローにつける名前は、入出力内容をイメージしやすい名前をつけてください。その際に紙媒体なのか、ファイルなのか、電文・メッセージなのかを表現する必要はありません。

この段階で目指すところは分析・設計対象の宣言であり、そこに表現されるデータフローは「最終的に入出力されるもの」が表現されることです。しかし、最初から完全なものを用意しようと思わなくて構いません。

ざっくりと、思い浮かべた業務やサービスのかたまりを示すプロセスの記号に対して、どんな情報が関連してくるか、その情報が流れる向きは入力なのか、出力なのか、だけを書けばよいです。そして分析・設計を進めて詳細化していく中で、この段階で考慮が漏れていた情報も出てくるでしょう。

外部エンティティの特定

この段階で、このプロセスに対する入出力の相手を特定します。これらはすべて「外部エンティティ」になります。

このとき、外部エンティティは人物や組織であったり、連携するシステムであったりします。

先ほどのコンテキストダイアグラムを例にとると、注文は「顧客」から直接受け付けている場合、外部エンティティは「顧客」になります。もしこれが、顧客が注文を登録するためのシステムが別に存在していて、そのシステムに登録された注文・決済情報を基に処理をするようなシステムのDFDだとしたら、この「顧客」にあたる部分は「注文登録システム」とでも呼ばれるような外部エンティティとなるでしょう。

図2.3.2：外部エンティティまで特定したコンテキストダイアグラム

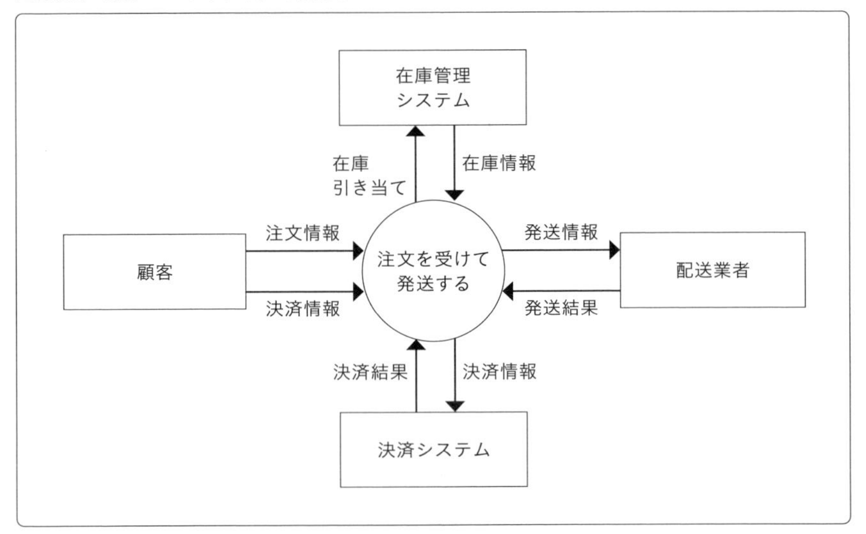

また在庫管理について、図では「在庫管理システム」が外部に存在し、そのシステムに対して在庫を参照し、引き当てるといった表現となっています。しかし、在庫管理システム自体が存在していないなど、現状と一致していない場合や、これから検討するシステムの中で在庫情報を保持、管理する必要がある場合、この表現は適切ではありません。

このような状況では、「在庫管理システム」という外部エンティティと「在庫情報」「在庫引き当て」の入出力データフローを削除し、「注文を受けて発送する」プロセスに統合することが考えられます。これにより、システムの現状や将来的な要件をより正確に反映したコンテキストダイアグラムを表現することができます。

この「コンテキストダイアグラムの作成」「外部エンティティの特定」という作業をする中で、分析対象のスコープがほぼ確定することになります。最初に1つの円で描いたプロセスへの入力元、出力先を考えるうえで、文脈上、一緒に検討し、分析・設計していくべきものなのか、完全に外部として扱えるものなのか、見つめ直すことになるからです。

便宜上、外部エンティティの特定作業が別の手順であるかように分けて解説しましたが、実際の作業の中ではほぼ同時に考え、描き進めることが多いです。

このコンテキストダイアグラムは、あくまでこの先の具体的な作業を進めるうえでの「前提」として関係者間で共通認識として使用されるものです。この先、分析・設計を具体化、詳細化していく中で、このコンテキストダイアグラムとの矛盾や違和感を覚えるタイミングが出てくることがあります。その場合、前提に立ち戻り見直し再検討をしつつ、前提が違っていたなら関係者との合意のうえで修正を加えることになります。

ドメイン駆動設計における「コンテキストマップ」

ドメイン駆動設計において「コンテキストマップ」という図が用いられますが、コンテキストマップは焦点を当てる「ドメイン」において、さらに分割される単位「境界づけられたコンテキスト（Bounded Context）」同士の関連性を視覚化するのに使われます。これに対してDFDのコンテキストダイアグラムは、システム全体を1つのプロセスとして表現し、システム外部との関係を視覚化するのに使われる図を示しています。

レベル0 DFDを作成する

ここからは、もう少し具体的にDFDを作成していく段階です。「レベル0」は、コンテキストダイアグラムの次に粗いレベルのダイアグラムです。「階層化の規則」に基づいてコンテキストダイアグラムから分解・詳細化していくうえで、具体的なフローを考える最初のステップになります。

プロセスとデータフローだけで表現してみる

DFDに慣れておらず、描き出し方がわからない場合、まずは「DFDを描くのだ」という意識をいったん外して、分析、設計対象の業務やサービスの処理手順をイメージします。フローチャートなどに慣れている人は、「手続きの順序」であれば、すらすらと思い浮かぶ人も多いでしょう。ですから、まずは思いつく業務やサービスについて思い浮かべてみましょう。受託開発であれば、お客さまの担当者へのヒアリング結果からイメージを起こします。

その一連の手続きを行ううえで、どんな情報を基にしているか（入力）、手続きの結果、どんなものが生まれたり、引き継がれたりするか（出力）を思い浮かべてみてください。そして、その作業を「プロセス」、入出力を「データフロー」の矢印として描き、少しずつつなぎ合わせていきます。

この際、「入出力に使われるデータが、どのような形式でやりとりされるのか」は、いったん考慮から外して構いません。紙媒体なのか、ファイルなのか、電文・メッセージなのかを表現する必要はありません。いったん、すべては「データフロー」で表現してしまい、後で精査すればよいのです。

具体的な「プロセス」をどこから描き始めるか

1つのダイアグラムを描く際に、どこから描き始めたらよいか、とくにルールはありませんので、むしろ迷うことがあります。そんなときのために、いくつかのアプローチを紹介します。

ボトムアップ

コンテキストダイアグラムからレベル0ダイアグラムを作成する作業は、「トップダウン」アプローチの作業ですが、そこで描かれるプロセス要素の洗い出しに、もっと詳細レベルから思考してボトムアップで整理しても構いません。

前述の「プロセスとデータフローだけで表現してみる」と同様、処理の流れを意識していけば、その流れの1ステップごとの手続きが、プロセスとして表現する候補です。このとき、対象領域の業務やサービスに詳しい人ほど、細かい単位で抽出することができるでしょう。そうして抽出された候補を眺めてみて、同じ人やシステムが同じタイミングで、同じ目的で行う一連の作業があれば、それらは1つのプロセスにまとめる候補となります。

この時点ではレベル0ダイアグラムの作成ですから、ある程度意味のあるまとまりで表現するよう、表現の粒度を調整しておきます。

図2.3.3：フローチャートからボトムアップで考える

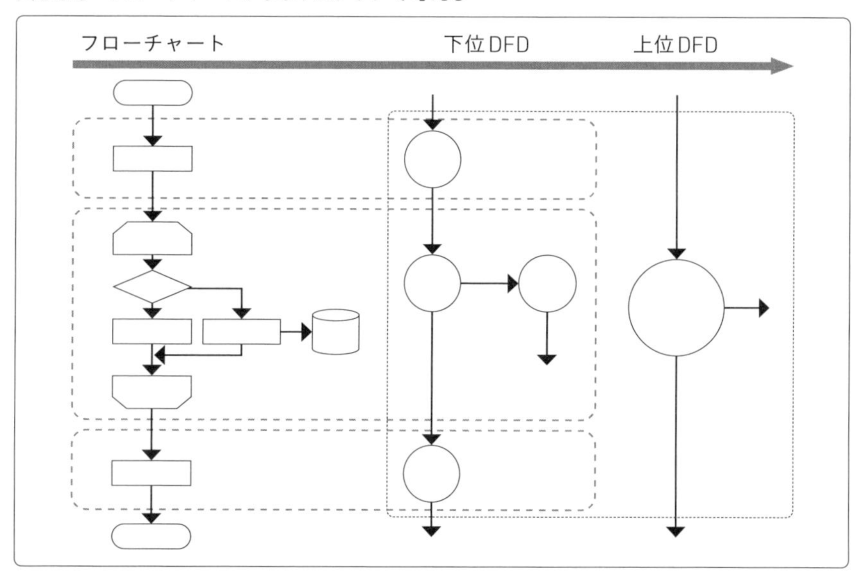

外堀を埋める

コンテキストダイアグラムは、外部とのデータフローまでは明確に整理しています。ですから、その外部との接点となるプロセスの特定は比較的容易なはずです。そうした外部連携プロセスから、その連携に必要な手順をたどっていき、関連するプロセスを連想的に抽出するアプローチをとることができます。

図2.3.4：外堀を埋める

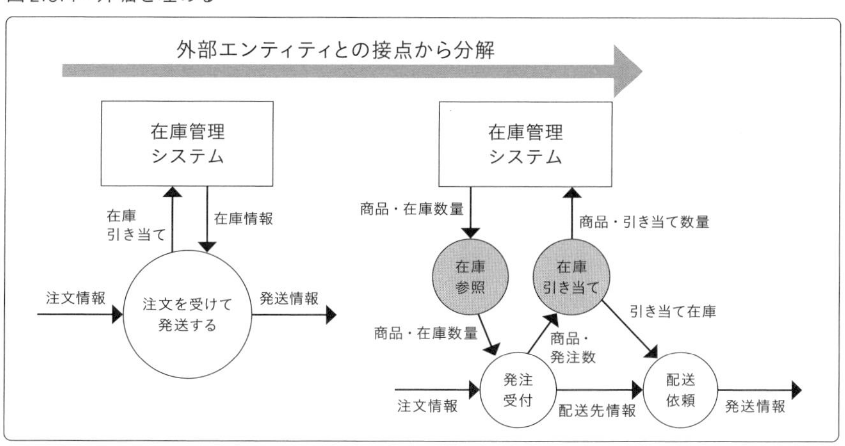

「注文を受けて発送する」というプロセスを実行するにあたっては、「受け付けた注文情報を基に、商品の在庫状況を確認する」「商品在庫が存在したら、必要数量を引き当てる」「引き当てた商品在庫を発送に回す」というステップが必要です。図のように、在庫管理の仕組みが外部エンティティとなっている場合、「在庫参照」「在庫引き当て」の各プロセスが介在して、外部エンティティとのインターフェースの役割を担います。

このように「外堀を埋める」アプローチは、ボトムアップアプローチが「レイヤ(詳細度)」をさかのぼるアプローチであるのに対して、「時間軸をさかのぼる」アプローチでもあります。

レベル1以降のDFDに落とし込む

最下層の検討

階層化による詳細化を進めていくたびに、分割した部分はさらに小さく分割されていきます。しかし、際限なく分割を進めるときりがありませんので、どこかで止めなければなりません。分割をやめるところをそのまま「最下層」と呼びます。しかし、この「最下層」をどうやって決めるのでしょうか。

最下層の決定

トム・デマルコは、その著書『構造化分析とシステム仕様』の中で、3つの目安を示しています。

1. そのプロセスの内容を説明するミニ仕様書が、A4の紙1ページに収まる程度

恣意(しい)的で機械的な基準ではありますが、1ページに満たない仕様書は細かすぎるし、何ページにもわたる仕様書は内容が複雑すぎて分割の余地があるというのも事実です。この基準は、トム・デマルコが好んで採用するアプローチであると述べられています。

現代では電子的に仕様書を記述しているかと思いますが、紙と同じページレイアウトの概念を持っているアプリケーションであれば同じ基準が採用できるでしょう。しかし、Wikiに代表される、ページの概念が異なるドキュメンテーションプラットフォームを用いている場合はそのまま適用できないため、何らかの工夫が必要です。

第
2
章

2.プロセスに接続するデータフローが入力、出力、それぞれ1つずつになる程度

どうしても複数の入出力データフローが残るプロセスはやむをえませんし、エラー経路のような重要ではないデータフローはカウントしなくてよいものの、目安としてこの程度の分割を行うのがこのアプローチです。

最下層に表現されたプロセスの詳細設計や実装に取り組む担当者にとって、考慮・関心の範囲を小さくとどめることができ、集中しやすい状況を作ることができるでしょう。

3.「境界上の不一致」が解消される程度

「境界上の不一致[※3]」とは、モジュール分割の手法「ジャクソン法」で登場する概念です。具体的にはデータフォーマットの違い、データ範囲の違い、手続きやプロトコルの違い、タイミングの違いなど、境界（インターフェース）を明確にしてデータの整合性を保つことが重要であると同時に、この不一致があるものはモジュールを分割すべきという考え方です。

この考え方を取り入れると、「境界上の不一致」が含まれているようなプロセスはその不一致を解消すべく、複数のプロセスに分割される余地があるということになります。

図2.3.5：境界上の不一致

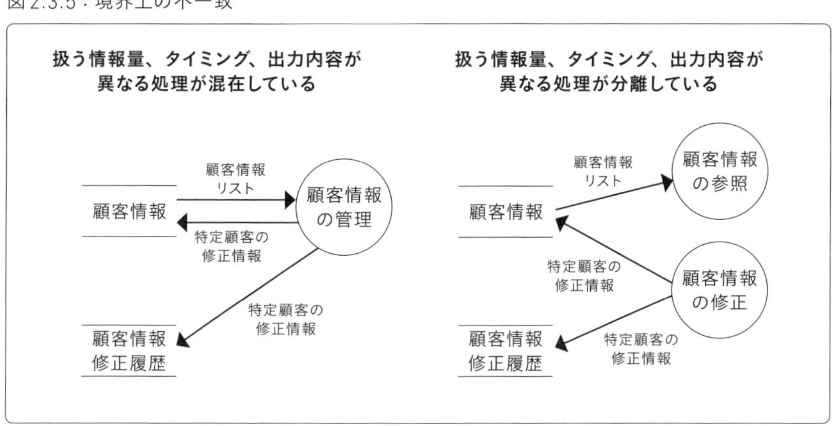

※3　Jackson, M.A.『Principles of Program Design』（1975年）。日本では『構造的プログラム設計の原理』（日本コンピュータ協会 鳥居 宏次 訳 1985年）。

これらの目安を突き詰めていくと、「プログラム上で、1つの関数やメソッドで表現できるレベル」に近いイメージとなります。プログラムにおいても、多くの引数を受け取り、その内容によって複雑に分岐する処理を行い、その出力もまた複数であるようなプログラムは分割した方がよい、と言われています。オブジェクト指向の文脈ではクラスの設計の際に「単一責任の原則」が強調されますが、これと似た概念です。

DFDは要件定義から設計の上流工程に用いられることが多い、と紹介されがちです。実際に上流工程で用いられている場合、プログラムの関数単位相当まで分割することは過剰であると感じることもあるでしょう。フェーズによってどこまで詳細化するかは柔軟に対処しつつ、分割の余地があることを認識したうえで、その詳細化は後工程に回すといった運用をすることも可能です。

最下層の区別

最下層のプロセスとは、「それ以上分割できないレベル」のプロセスです。しかし、DFD上に表現されたプロセスを見て、「これ以上分割できないもの」であるかどうかは一見しただけでは判断できません。表記上もとくに区別はありませんし、あえて、このプロセスは最下層のプロセスであると区別する必要もありません。そのプロセスを分解したダイアグラム、つまり、プロセス「4.3.1」に対して、プロセス「4.3.1.1」を含むダイアグラム「4.3.1」が存在していなければ、それが最下層であるという判断です。

プロセスの詳細を検討している中で、プロセスの分割をしなければならなくなることはよくあります。プロセスの種類を「最下層か、最下層ではないか」と区別して管理しようとすると、このような際に柔軟な対処を阻害することがあるため、あえて区別する必要がないのです。

「それ以上分割できないレベル」のプロセスにのみ、仕様書を付帯させるように管理している場合、逆から「仕様書とひもづいているプロセスが、最下層のプロセス」ということもできます。

どちらのアプローチにせよ、作成したダイアグラム、そこに描かれたプロセスを「最下層であるかどうか」と区別することそれ自体にはあまり意味がありません。ただし、最下層のプロセスには仕様書が付帯していないとその先の設計や実装が進みませんし、逆に運用保守の段階でも活用できない資料となってしまいますので、この点に漏れが出ないように維持する必要があります。

図2.3.6：最下層の区別

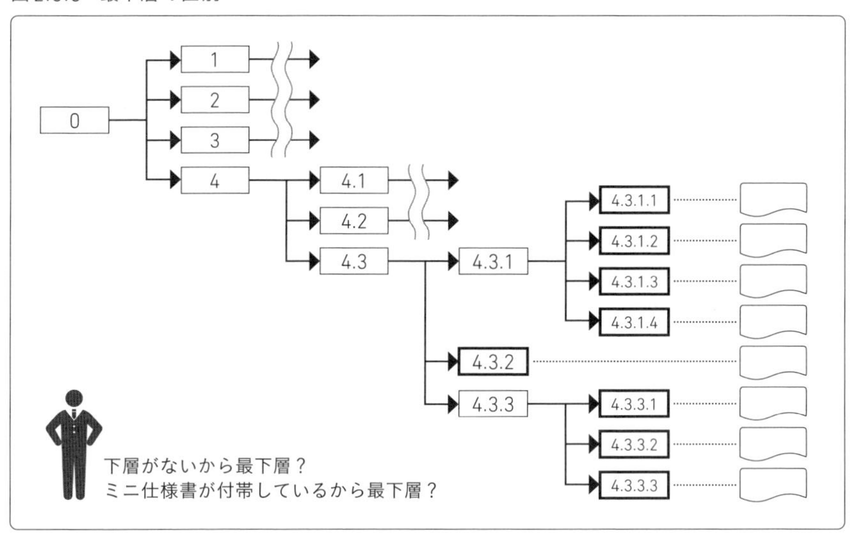

プロセスの説明≒「ミニ仕様書」

最下層のプロセスとは、「それ以上分割できないレベル」のプロセスです。さらに分解したダイアグラムが存在したら最下層ではなくなってしまいますから、そのプロセスを最下層とする以上はその内容について、DFD以外の方法で表現されているべきものとなります。ここで使用されるのが、ここまで「仕様書」や「ミニ仕様書」などと呼んできた付帯文書です。ここでは最下層プロセスにひもづく仕様書のことを、意図的に「ミニ仕様書」と呼びます。

この「ミニ仕様書」には、対応するプロセスの番号を必ず付与し、プロセスとひもづける必要があります。

「ミニ仕様書」を記述する方式は文章、デシジョン・テーブル、フローチャートなど、DFD以外の手法であれば手段を問いませんが、コミュニケーションツールとなる以上は正確であること、簡潔であること、複数の解釈を生み出すような表現でないことなどが求められます。実際に記述されるものは、私たちがシステム構築の現場で目にする「詳細設計書」の一機能分、くらいのイメージで構いません[※4]。

ところで、最下層以外のプロセスに仕様書は必要でしょうか？　最下層に「4.3.1」「4.3.2」「4.3.3」を持つような上位プロセス「4.3」に対して、仕様書を作成する必要はないでしょうか？

このテーマに対し、トム・デマルコは「全く必要ない」「100%余計なもの」と言い切っています。たしかに、最下層に付帯させる仕様書と同じ詳細度で記述するのであれば、その内容は確実に下位の内容と一致しますし、一致していなかったらおかしなことになります。それは二重管理にすぎず、無駄でしかないです。この考え方に基づくと、最下層プロセスの数＝「ミニ仕様書」の数、という構成となります。

実際には、上位プロセスにも「ミニ仕様書」ほどの詳細度ではないレベルの解説情報があると、理解がスムーズになります。最下層までブレークダウンできていないからと言って、プロセスの内容を解説した資料が一切ない状態のDFDで、業務担当者とシステムアナリストと開発者が打ち合わせを行ったら、どうなるでしょう。DFDとして、構造化分析ドキュメントの体裁として完璧で美しいことと、システムの分析・設計プロジェクトの成功に寄与するドキュメントであることが、必ずしもイコールではないことに注意しましょう。

DFDの展開

「階層化の規則」で言及したとおり、上位のダイアグラムと下位のダイアグラムは親子関係にあり、上位のプロセスは下位のプロセスの集合体という関係になります。正しく「バランスがとれている」ダイアグラムであれば、上位と下位ですべての入出力は一致しているはずです。

逆に言うと、上位のダイアグラム、上位のプロセスはすべて下位のプロセスに展開することができます。

もし、最下層のプロセスだけでダイアグラムを描いたらどうなるでしょうか。すべて描き切るには、とてつもない広さの領域が必要となるでしょう。紙の仕様書を

※4　現実の現場で作成されている各種仕様書が、この「正確」「簡潔」「一義性」のルールをどれだけ守れているか、というのはまた別の話。

描いていた時代なら、「フットボール場ほどの大きさになる」とたとえられます。現代は電子的に作成しますが、それ故に広がりは際限を知らず、全体を画面に映そうと思えばプロセスは米粒のようになって読み取れず、読めるサイズに拡大したら部分的にしか把握できず、描き手も読み手も迷子になってしまうことでしょう。

そういう性質のものを管理するために、階層化が有効となるわけです。1つのDFDに表現するプロセスの数も目安になりますが、1つのダイアグラムにおける広がりと視認性という観点でも、適切なサイズ感を維持することが求められます。

04 データフローを具体化する

プロセスに焦点を当てて詳細化、階層化を進めながら、データフローも具体化、詳細化していきます。便宜上、テーマとして独立させて解説しますが、ほかの作業と平行で行っても全く問題ないですし、むしろそのように進めることが多いです。

原則として、ダイアグラムに表現したすべてのデータフローは、その内容を定義する必要があり、付帯資料がひもづくことになります。

お勧めの手順としては、コンテキストダイアグラムを作成した段階で、そのコンテキストダイアグラム上に表現されているデータフローについて具体化、詳細化してしまうことです。

この時点でデータフローの内容を具体化するのは、ここで対象となるデータフローはすべて「外部」とのやりとりであり、外部の制約に依存する要素が多いためです。外部エンティティがシステムである場合、そのシステムが用意しているインターフェースを使うのが原則となり、場合によっては、その外部システム側に新しいインターフェースを追加してもらう必要が発生することがあります。

外部制約を先に具体化していくことで、内部でとりうる手段が限定されます。その制約は、設計していくうえでとりうる手段における取捨選択の基準ともなります。

これらの情報はすべて、分析・設計を詳細化、具体化していくうえでの「前提情報」です。関係者間で共通認識の下に議論を進めるうえでの「文脈」となるのです。具体的には「ミニ仕様書」や「データディクショナリ」に相当する付帯資料となるドキュメントを用意します。これらには、次の要素を記述するとよいでしょう。

・入出力につける一意の名称
・入出力の手段、内容
・入出力対象の識別
・入出力の方向
・入出力の実行条件

ここから、コンテキストダイアグラムのデータフローの具体化を例にとり、その過程や内容を解説しますが、レベル0移行のダイアグラムでのデータフローの具体化の際にも同様になります。

入出力につける一意の名称

「データフローID」と呼べるような一意の名称を付与します。IDと考えると、そこに番号を付与する命名規則が思いつきます。しかし、DFD上に描かれたデータフローの名前から、即座に詳細情報を参照できるような対応づけも必要ですから、1.2.3のような「数字だけで構成されたID」では描かれたDFDを見たときに、データフローによって流れる情報の内容が推測できません。

よって、分析設計対象全体を通じてユニークな名称を付与するのが難しい場合、1枚のDFDに閉じて一意となるような名称でもよいかもしれません。ドメイン駆動設計をご存じの方の場合、「コンテキスト（文脈）が異なれば、同じ言葉も別の意味を持つ」という考え方にのっとり、「文脈の範囲で一意」を目指してもよいでしょう。

図2.4.1：IDに機械的な命名規則を用いるとDFDを見ても何が流れているかわからない

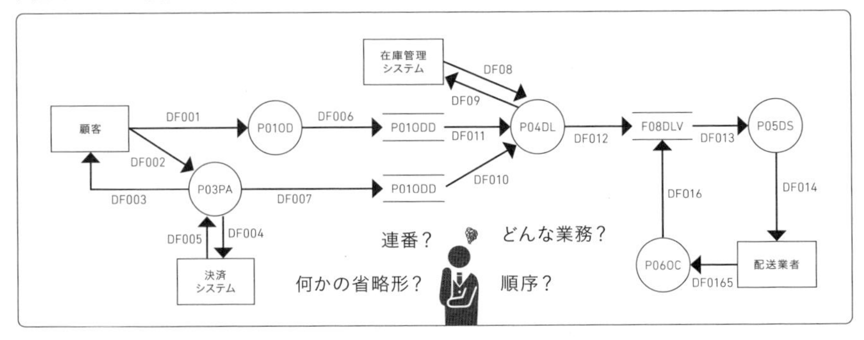

第2章

入出力の手段、内容

紙（帳票など）の受け渡しなのか、物理記憶媒体の受け渡しなのか、ファイル転送なのか、Pub / Subなのか、APIでのPut/Getなのか、人が画面に入力するのか、など、そこに使用されるプロトコルなどを明確にします。とくにシステム間でのデータ入出力の場合、特定のツール、ソフトウェアを介した通信や、手順上のルール等が存在している場合、この段階でその情報を入手し明確にしておきます。

ファイルによる入出力であれば、ファイルの種類（CSV、TSV、JSON、XMLなど）を明確にします。

そして、データのフィールド定義も明確にします。入出力されるデータの具体的なサンプルが明記されていると、なおよいでしょう。

また、入出力にまつわる「プロトコル」＝手順や規約に関係することは、ここで一緒に整理しておくとよいでしょう。認証の有無や手段、暗号化といった要件も含まれます。ただし、外部エンティティとなるシステムへアクセスする場合に、その具体的な手順そのものは、今後詳細化される「プロセス」にひもづく資料の中に記述するのがよいでしょう。

図2.4.2：通信手段や内容の種類

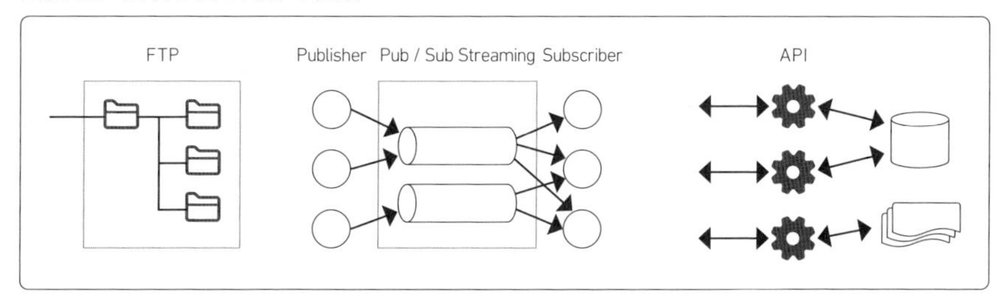

入出力対象の識別

「入出力対象の識別」とは、データの入力元や出力先となる外部エンティティを特定するための情報です。具体的には単なる名称だけでなく、どのシステムや部署、ユーザーグループが関与するのかを明確にします。これにより、データフローがどの外部要素とどのようにやりとりされるのかを正確に把握でき、DFDの理解や設計の精度を高めることができます。

入出力の方向

DFDに描かれたデータフローの矢印の向きを見れば、データがどこからどこに向かうのかは、すでに記述されています。DFDと整合性がとれるように記述しておくべきでしょう。

DFDのデータフローの矢印の向きは、「アクセスの向き」ではなく「データの流れる向き」であり、DFDを見ればデータの入出力の方向は明白なのです。しかし、DFDに慣れていない人はここを間違えて表記したり、誤った理解で読んでいたりすることがあります。データフローに付帯する資料に明示することで、その認識の相違がなくなるでしょう。

入出力の実行条件

イベント、トリガー、タイミング、同期／非同期などの情報です。

イベントやトリガーが発生する主体を明確にすることが重要です。これは次の2つの視点で整理できます。

- **外部エンティティ側での動作か**
- **コンテキスト内のプロセス側での動作か**

入力の場合、次の2つのケースが考えられます。

- **外部エンティティ側のシステムで条件に基づいてデータが送出される**
  - **例：システムAが特定のトランザクションを完了すると、自動的にデータを送信する**
  - **対応策：送出の条件とタイミングに応じて、適切にデータを受けとれるよ**

うに設計・実装する

- **外部エンティティ上でデータが生成され、それをこちらから取得する**
  - **例：システムBが定期的にログデータを作成し、必要に応じて取得する**
  - **対応策：条件が整ったタイミングでデータを取得できるように、アクセス方法を設計・実装する**

データの連携方法も重要です。次のような方式を検討する必要があります。

- **リアルタイム連携（データ発生と同時に処理）**
- **タイマーやカレンダーベースのスケジューラによる起動処理**
- **常駐プロセスによる一定時間間隔でのポーリング処理**

どの方式を採用するかは、データの特性やシステム要件に応じて判断する必要があります。

出力においても同様の考慮が必要です。

このように、データの入出力における実行上の諸条件を整理し記述しておきます。

図2.4.3：作成するドキュメントのイメージ

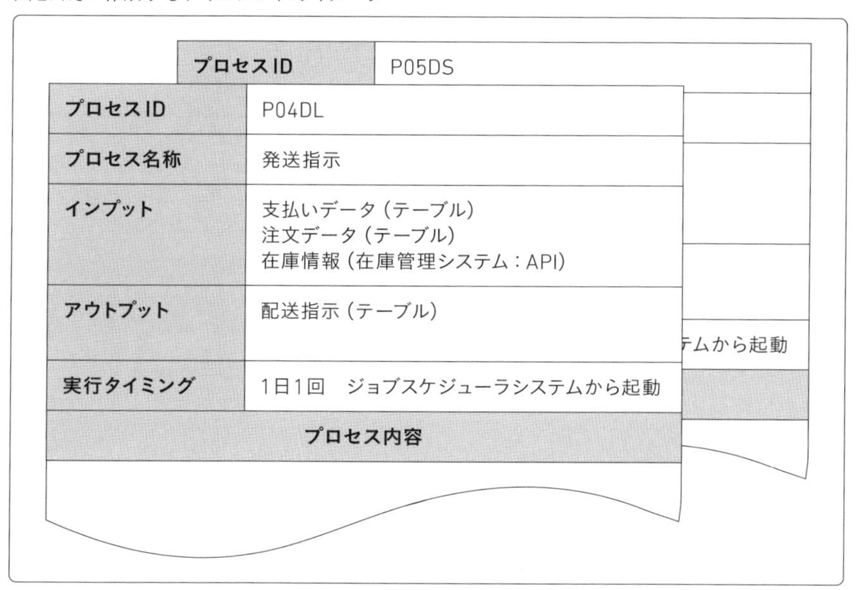

プロセスの話か、データフローの話か

ここまで、データフローに着目して、どのような情報を整理しておくべきか解説してきました。これらの中には、「データの話」と「データを扱うための話」が混在しています。

「データを扱うための話」は処理に関する話が中心となりますので、プロセスで表現されるべき情報であり、ダイアグラムで表現しない詳細レベルの内容であれば「ミニ仕様書」に記述すべき内容となります。

ですから、この「データフロー」で精査した、イベント、トリガー、タイミング、同期／非同期などの実行条件は、対応するプロセスの仕様策定において、「したがうべき制約」となります。データフローの説明として整理した情報に合わせて、プロセス＝処理を設計・実装しなくてはいけません。「データフロー＝インターフェース制約として、Aという条件件があるから、それに対応する処理としてX、Y、Zという手順で実現しよう！」という関係性となります。

05 データストアを具体化する

プロセスとプロセスの間や、外部エンティティとの間をデータが流れゆく際に、データフローで直接流れるケースと、データストアを経由して流れるケースがあります。

現状を分析している段階では、いまある姿として帳票や書類、ファイルといった形で流れるデータはデータストアとしてすぐに取り上げることができます。しかし、これから作るシステムにおいて、何をもってデータストアとすべきでしょうか。流れるデータをどのように分割・独立したデータストアとすべきでしょうか。また、データフローとして流れるデータには複数の要素が含まれていることがあり、それらはどのように管理すべきでしょうか。それらをどう扱うかの判断結果は、システムとしての利便性や保守性に影響を及ぼす「設計の良しあし」に関わってきます。

データストアとして独立させたら、そのデータストアの情報としてどのような情報を整理し記述しておくかについても、分析、設計工程以降の作業や運用保守のうえで重要です。

ここでは、そうしたデータストアについてどのように抽出し、どのような情報を整理しておくべきかを解説します。

データストアとして独立させる基準

DFDにおけるデータストアは「概念」であり、情報やデータの種類を表すものです。よって、ハードディスクやサーバーといった物理的なものを表すわけではありません。

一方で、コンピュータシステムの世界ではデータを格納、保存する場所の総称として「データストア」という言葉が用いられています。後者の意味でのデータストアに保存するようなデータは、DFDにおいてもデータストアとして表現することが望ましいです。

データストアに保存し管理すべきデータとは、どのような性質を持つデータでしょうか。この基準が、DFDのデータストアとして独立させる要素を見つける基準にもなります。

図2.5.1：データフロー？　データストア？

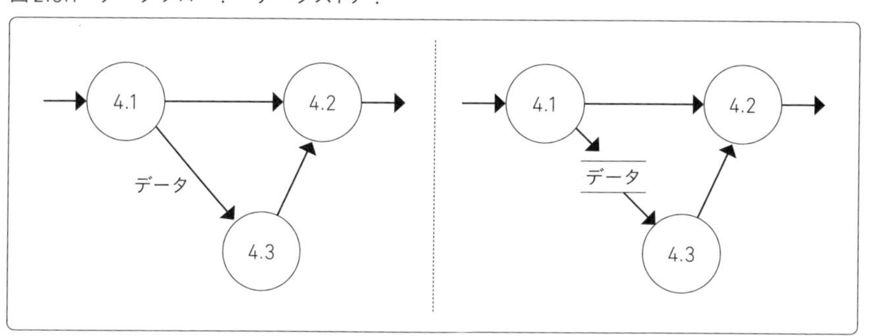

永続性・持続性

データフローとすべきか、データストアとすべきか、これを判断する基準として最も利用されるのが「永続性・持続性要件に基づく」というものでしょう。永続性要件がある、つまり、ファイルやテーブルといったものに一時的であっても保存する必要があるものはデータストアとすべき最有力候補です。

同期的メッセージングで済む情報のやりとりなど、プロセス内で一時的に利用されるデータはデータフローのままで構いませんが、プロセスを超えてデータが保存される場合、データストアとして表現するのが適切です。

顧客情報や注文履歴など、システムで長期間保存し、将来のプロセスでも利用されるデータが該当します。

共有性

複数のプロセスが同じデータにアクセスする必要がある場合、データストアとすべき候補となります。同じデータを複数のプロセスや複数のシステムから利用する場合、データストアとして独立させ、それに対してアクセスするプロセスとデータフローが描かれることで、そのデータが共有されることが視覚化され、データの共有や一貫性の管理が容易になります。

複数のプロセスで顧客データを参照したり更新したりする場合、その顧客データはデータストアとして管理することが合理的です。

参照・更新頻度

頻繁に参照、更新されるようなデータは、データストアとすべき候補となります。頻繁に利用されるデータは効率的なアクセス管理が求められますし、更新頻度が高いデータは最新状態を維持する必要があります。

参照頻度、更新頻度に着目し、その頻度が異なるデータは独立したデータストアとして管理することでアクセスが容易になります。

ユーザーがログインするたびに参照するようなユーザー認証情報、在庫管理システムにおける消費品在庫数データなどは、これに該当します。

再利用性

共有性と似たような観点ですが、同じデータを異なるプロセスで再利用する場合、そのデータはデータストアとすべき候補となります。データストアとして独立させることで効率的な再利用が可能となります。

財務報告書を生成するために必要な売上データがほかのプロセスでも利用されるような場合、この売上データはデータストアとして管理すべき対象です。

非同期・疎結合

プロセス間でデータが連携されるときに、その処理の流れが同期的に連続して進むような場合はデータストアを介さずに進めることができますが、それぞれのプロセスが異なるタイミングで非同期的に実行したい場合、その間を流れるデータはデータストアにいったん保存される必要があります。

先行プロセスがキューに登録し、後続プロセスはキューの内容を基に実行するような設計や、Publisher、Subscriberのパターンでの構成が想定されているものはこれに該当します。

ライフサイクル

データをただ永続化するだけでなく、そのライフサイクルに着目したときに異なるライフサイクルを持つものがあります。こうしたデータはデータストアとして独立させることで、生成、保存、アーカイブ、削除といった管理がしやすくなります。

データストアの識別と内容の定義

プロセスやデータフローに付帯文書が必要であるように、データストアにも、データディクショナリのような付帯文書を用いて詳細を記述する必要があります。

データストアの識別子

DFD上に表記されたデータストアの名前は一意であり、かつ、データの内容がわかる命名をすることが重要です。一意性のために、意図が読みとれないような記号や連番を使用すると、ダイアグラムとしての可読性が著しく低下します。

稼働中のシステムを解析していく中で、実装上そのようなファイル名などを使用している場合でも、それをそのままデータストアの名前にするのではなく、そのファイルが扱う情報に名前を付与しつつ、その実体としてのファイル名称をデータディクショナリに記載して対応づけるべきです。

たとえば、注文情報を「F298XOPLU」のような機械的に生成された名前のファイルで管理するように実装されていたとしても、DFD上は「注文情報」という名前のデータストアにしないと、DFDを見ても何を管理しているファイルなのか理解できません。

永続化の種類・場所・フォーマット

DFD上でデータストアで表現されるものは、一般的にはファイル、または、リレーショナルデータベースのテーブルとなるでしょう。紙媒体の帳票なども該当します。DFDが登場した時代にはほぼこれで網羅できていましたが、現代ではこれ以外にもさまざまな永続化の種類、手段が存在します。

ファイルには、固定長テキスト、CSV（カンマ区切りテキスト）、TSV（タブ区切りテキスト）、JSON、XMLといった代表的なものから、近年ではデータレイクなどで使用されるApache Parquet、Apache Iceberg、Apache Hudi、Apache Avro、Apache ORCといったものがあります。

また、NoSQLのデータベースエンジン上の管理単位も永続化の種類のパターンに含まれます。Amazon DynamoDBのテーブル、MongoDBのコレクション、Apache Cassandraのテーブル、Elasticsearchのインデックス、Apache AcitveMQのキュー、Apache Kafkaのようなストリームデータ管理プラットフォームにおいてチャネルやトピックと呼ばれるものも、永続化する場所の一種と言えるでしょう。インメモリであるか、ストレージに保存するか、という観点は問いません。そのデータに名前をつけて、さらにその名前を用いて読み書きするような実装イメージになるものは、データストアとして抽出する対象になりえます。

データ永続化の種類において、形式と場所が不可分となるケースが多いため、カテゴリとして1つにまとめて解説しています。

永続化のレイアウト

レイアウトについても、永続化の種類に強くひもづくことが多いですが、いずれの方法を用いるにせよ、どのような項目をどのような形で保持するかの定義が必要です。

固定長ファイルやCSV、TSVであれば、項目名とファイル内の位置情報を記したファイル仕様書が必要です。JSONやXMLであれば、キーや構造（スキーマ）定義書が該当します。リレーショナルデータベースであればテーブル定義書となります。

分析段階では管理する項目のみを整理しておき、設計を進めていく段階で扱うデータの特性に適した手段・ソリューションを選択し、それに応じたレイアウト定義書を作成していくことになります。

データサンプル

データストアに対応するデータディクショナリには、実際に格納されるデータのサンプルも記述しておくと、DFDを使用した分析設計のレビューやウォークスルーの実施時に認識の齟齬を防ぐことができます。詳細設計、実装時においても、担当者がより具体的なイメージに基づいて作業を進めることができます。

データストアへの読み書きとデータフロー

データストアに対して書き込みを行う場合、たとえばファイルであればファイルをオープンして、その書き込み位置を特定してから実際のデータを書き込むことになります。よって、プロセスとデータストアの間には、入力と出力の両方のデータフローが必要なように思えます。しかし、DFDにおいては、原則として最終的に書き込む向きとなる、プロセスからデータストアに向けた出力のデータフローのみを表現します。

単純なファイルオープンだけであれば、そのためのデータフローを省略するのが適切ですが、プロセスが具体的なデータを読み込んで、そのデータに基づいて条件判断したり、何らかの情報を加工したうえで更新したりするといったケースの場合、入力のデータフローも表現する方が自然です。

リレーショナルデータベースのテーブルに対する操作も同様の課題があります。単純なSELECTはプロセスに対する入力、INSERTはプロセスからの出力となるのは簡単に想像がつきますが、UPDATEやDELETEは対象データを特定し、そのデータを参照したうえで更新や削除を行うため、厳密には読み書き両方が発生します。筆者の場合、単純なINSERT、UPDATE、DELETEはデータストアに対する出力データフローのみとし、SELECTしたうえで同じデータストアにINSERT、UPDATE、DELETEをする場合は入出力のデータフローを表現するようにしています。

図2.5.2：データストアと入出力

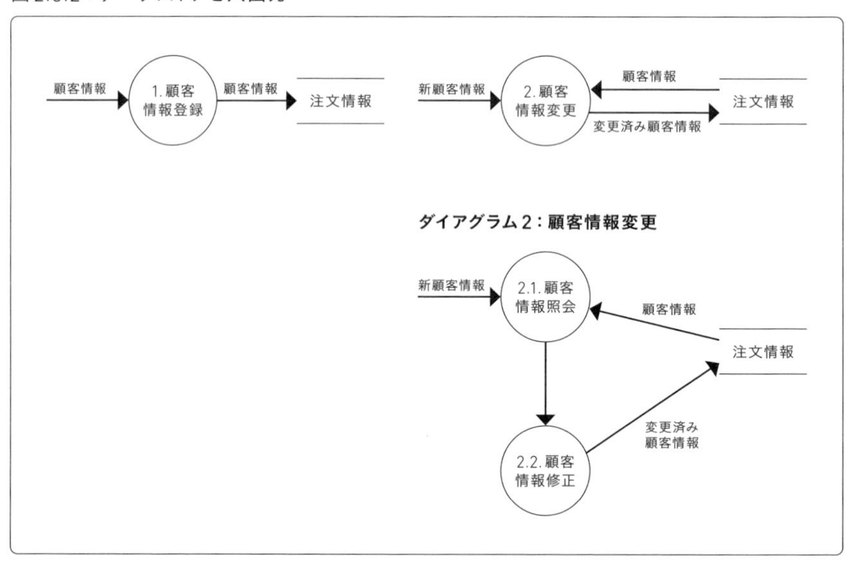

第2章

データモデリングとデータストア

「永続化の種類・場所・フォーマット」でも言及しましたが、データストアとして抽出されたデータは、リレーショナルデータベースを中心とするシステムでは、ほぼテーブルとして定義されていくものとなります。

データモデリングに関する手法の詳細は、それだけをテーマにした本が1冊書ける量であり、実際に優れた書籍が刊行されていますのでここでは触れませんが、データストアを整理しているこのタイミングでER図を作成し、テーブル同士の関係モデルを整理しておくことをお勧めします。

正規化などによりテーブルの分割が発生した場合、データストアも分離し、プロセスとの入出力データフローの表現も変化します。

06 DFDを描くプロセスは一方向的ではない

「一般的に、DFDは構造化分析のアプローチとともに用いられ、トップダウンアプローチで階層化・詳細化を進めていきます」と冒頭で解説しましたが、現実としてDFDを描く作業は、決められた一方向に進んでいくものではありません。DFDの要素となる「プロセス」「データフロー」「データストア」について、それぞれ洗い出し、具体化、詳細化を進めたり、プロセスの検討の中で関連するデータフローやデータストアの具体化を行ったりするなど、各要素間で相互に行き来しながら検討を進めることもあります。また、詳細化によって一段階、二段階と深い階層を表すDFDをそれぞれ検討することもありますし、その階層間を行き来しながら検討を進めることもあります。

図2.6.1：トップダウンとボトムアップ

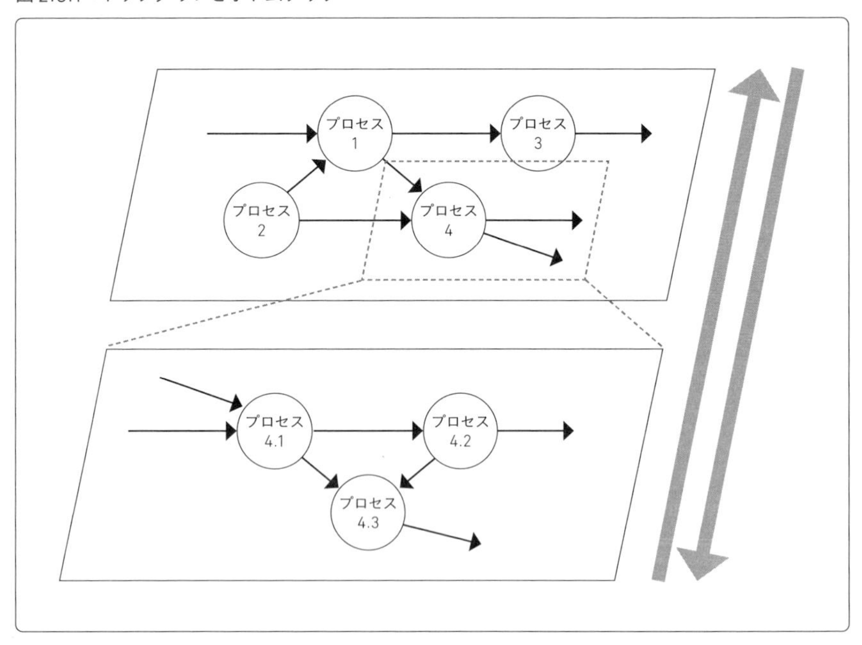

07 第2章のまとめ

第1章ではDFDで用いる記号と表記ルールを説明してきました。DFDを描く手順については厳密なルールがあるわけではありません。慣れてきたら、どんなどころからスタートしても構いません。第2章でははじめてDFDに触れる読者も想定し、その記号とルールを用いてDFDを描いていく簡単な手順について紹介しました。

次章からは具体的なストーリーとともに、「構造化分析設計」の手法にのっとってDFDを作成していく様子を解説します。

第3章 ユーザーの要望を理解し、モデルを作成する

カフェでのやりとりをDFDで表現してみよう

第2章までにDFDとは何か、そしてDFDの描き方について説明してきました。この章では実際の業務プロセスを分析・理解してモデリングする際にDFDをどのように使うかを説明します。そのために具体的な業務プロセスをサンプルとして、ここまでに説明してきたDFDの描き方に従って説明します。

01 身近なサービスをモデル化してみる

はじめに身近なサービスとして、ここでは街中のカフェでのやりとり、すなわちコーヒーを注文してから最後に代金を支払うまでの流れをDFDでモデル化してみましょう。

1. カフェでのやりとりをモデル化する

ある日のカフェ。お客さまが店員に注文する場面。

お客さま

「コーヒーを１杯お願いします！」

店員

「かしこまりました！」

店員がレジで注文を入力し、バリスタに伝える。

店員

「コーヒー１杯、お願いします！」

バリスタ

「了解です！」

バリスタがコーヒーを淹れて、店員がそれを受け取りお客さまに提供する。

店員

店員：**「お待たせしました、コーヒーです！」**

「ありがとう！」

お客さまが帰り際に一言。

「ごちそうさま。ありがとう！」

「またどうぞお越しくださいませ！」

お店のドアを出て去っていくお客さま。ほどなく店員に向かってバリスタが……

「あれ？　あのお客さんお代いただいてたっけ？」

この例では、カフェでのサービスの一連の流れで料金の受け取りが漏れてしまいました。モデル化の作業においては、全体の流れをしっかり把握することが大切です。

ここからは、第2章で説明したDFDの描き方に従って身近なサービスを例に業務プロセスを理解して分析し、モデリングする手順について説明します。

冒頭のショートストーリーでも触れていますが、モデル化に際して重要な要素を見逃さないようにすることが重要です。このカフェでの注文から支払いの流れ（ご安心ください、ここでは代金の支払い・受け取りについて忘れません）を整理して書き出してみると次のようになります。

- **お客さまが店頭のメニューなどをチェックしてコーヒーを注文します**
- **店員が注文内容を確認して料金を提示します**
- **お客さまが料金を支払って支払いデータがPOSレジなどのシステムに流れます**
- **支払いが確認され、レシート（支払い完了の情報）がお客さまに渡されます**
- **注文がバリスタに伝えられ、コーヒーを淹れる作業指示が行われます**
- **バリスタがコーヒーを淹れ、受け取りカウンターでお客さまに手渡されます**

では、このカフェでの注文の流れをDFDを使ってモデル化するにあたっての手順をステップ・バイ・ステップで見てみましょう。

2. コンテキストダイアグラムの作成

DFDを描くための最初のステップとして「コンテキストダイアグラム」を作成します。このステップでは、今回のモデリングの対象である「カフェという空間でお客さまがコーヒーを注文してから代金の支払いが完了するまで」の一連の流れを1つの大きなプロセスとして捉えることにします。

この1つの大きなプロセスには、実際には内部で行われているさまざまな処理があったり、プロセスの中でもさまざまな情報のやりとりが行われていたりするはずです。しかし、ここではそれらの詳細なことには触れずに（ある種のブラック・ボックス的な）「お店というシステム」として捉えておくことがポイントです。

そして、その大きなプロセスと「何らかのやりとりを行う存在（外部エンティティ）」であるお客さまや店員、そしてバリスタとの間でどのようにデータが流れるのかを最もシンプルな形で示したものになります。

先ほどから「1つの大きなプロセス」と呼んでいる「注文を受ける」「コーヒーを提供する」「支払いを受け取る」といったカフェで行われる一連の行為（プロセス群）を仮に「カフェ・システム」と呼ぶことにしましょう。このカフェ・システムと呼ぶことにしたプロセスを図の真ん中の大きなスペースに配置してみましょう。

あらためて強調しておきたいのが前章にもあるように、「コンテキストダイアグラムにおいてはプロセスを表す記号は1つ」という点です。そこから外部エンティティへのデータの入出力を表すデータフローがあります。

このカフェ・システムからお客さまや店員、バリスタといった人物のような「外部」の存在とどのようなやりとりをしているのかを文字どおり「大きく」捉えてみることがポイントです。この段階では真ん中に「カフェ・システム」を配置して、それを囲むように「お客さま」「店員」「バリスタ」といった外部エンティティを配置した図が想像できているのではないでしょうか。そして、カフェ・システムとのやりとりをデータフローの矢印で結んだ図がイメージできていることでしょう。

ここでは外部エンティティもデータフローも未確定ですので、ひとまず仮に配置しておくことにしましょう。

図3.1.1：最初に1つの大きなプロセスを配置

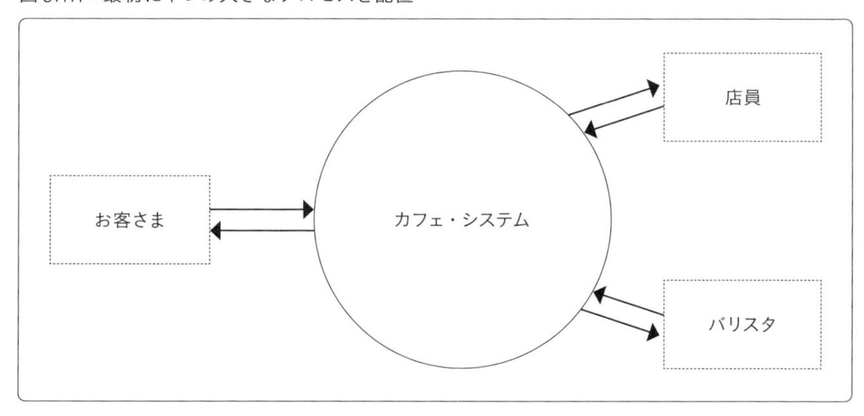

次にこのカフェ・システムと外部とのデータのやりとりを描き込んでいきますが、先に整理した注文から支払いの流れを「データフロー」として整理してみると次のようになります。

お客さまがコーヒーを注文

お客さまがカフェで注文をすると、その「注文」がカフェ・システムへのインプットとなります。このデータフローは「お客さま」から「カフェ・システム」への「注文」が伝達される流れです。

店員が料金を提示

次に「カフェ・システム」がお客さまからの注文内容を確認して、料金を計算してお客さまに提示します。このデータフローでは「カフェ・システム」から「お客さま」に対して「料金の提示」が行われます。

お客さまが料金を支払う

お客さまが料金を支払うと、その「支払い」が「カフェ・システム」に入力されます。このデータフローでは、「お客さま」から「カフェ・システム」に対して「支払い」が送られて処理されます。

レシートがお客さまに発行される

支払いが「カフェ・システム」によって確認されると、お客さまに対して支払い確認の証明として「レシート」が発行されます。このデータフローでは、「カフェ・

システム」から「お客さま」に対して「レシート」が発行されます。

バリスタに作業指示が送られる

次に、カフェ・システムからバリスタに対してコーヒーを作るように作業指示が送られます。このデータフローでは、「カフェ・システム」から「バリスタ」へ「作業指示」が伝えられます。

コーヒーの完成と提供

最後に、バリスタがコーヒーを淹(い)れて、カフェ・システムを通じて商品が提供されます。ここでは、「バリスタ」から「カフェ・システム」へ「コーヒー」が渡されます。そして最終的に、お客さまにコーヒーが提供される流れになります。

図3.1.2：カフェ・システムと外部とのやりとりを整理

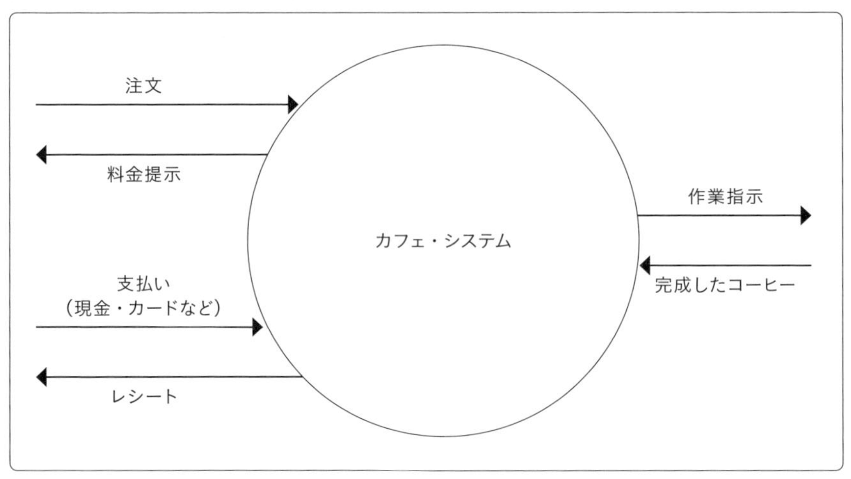

読者の皆さんはここまでの流れを読んで「あること」に気がついたでしょうか？ここまでに列挙したデータフローは、カフェ・システムとお客さまの間を結ぶものか、カフェ・システムとバリスタの間を結ぶものになっていて、店員と何かを結ぶデータフロー（＝情報の流れ）がありません。別の言い方で表すと、店員は「カフェ・システム」とお客さま、あるいはバリスタとの間でデータを受け渡すためのインターフェースとして働いています。

コンテキストダイアグラムでは、システム内で行われる詳細な処理や役割分担はあまり描かず、外部エンティティとのやりとりをシンプルに表現します。そのため、この例での店員のようにシステム内の操作や業務に関わる人物は、外部エンティティではなくシステムの一部としてみなすことで全体を簡潔に描写することができます。

これを踏まえて、次にデータの入力元や出力先となる外部エンティティを記述します。ここでは外部エンティティは先に図の真ん中に配置した大きなプロセスを囲むように端の方に配置しておくと進めやすいでしょう。

今回はカフェでの一連の流れで登場する「コーヒーを注文し、受け取り、支払いをする人（お客さま）」と「作業指示を受けコーヒーを淹れて、コーヒーを（カフェ・システム経由で）お客さまに渡す人（バリスタ）」を図の両端に配置します。

そして、真ん中の大きな「カフェ・システム」のプロセスから「お客さま」と「バリスタ」という外部エンティティをここまで洗い出したデータフローで結ぶと次図のようになります。

図 3.1.3：カフェでの一連の流れをコンテキストダイアグラムで表したもの

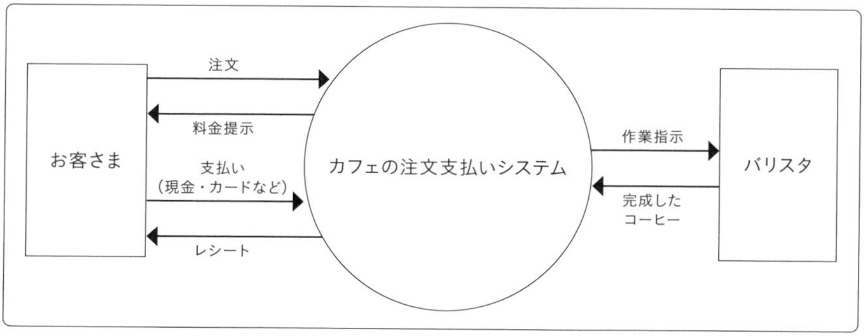

3. 物理モデルの作成

コンテキストダイアグラムでは「カフェ・システム」という大きな1つのかたまりとして表現していたプロセスを、その処理する内容によって複数のプロセスとそれらを結びつけるデータフローに分割・詳細化していきます。分割する際には外部エンティティとどのようなやりとりを行っているのか、たとえばこのカフェ・システムの例ではコーヒーに関するやりとりなのか、お金に関するやりとりなのか、という点に着目するとわかりやすいでしょう。

この例の場合、コーヒーに関する流れでは注文を受け付けるプロセスとコーヒーを淹(い)れる作業指示を行うプロセス、そしてお金に関する流れでは料金を計算してお客さまに提示するプロセスと支払いを受け付けてレシートを発行するプロセスに処理を分割しました。

そして、コンテキストダイアグラムでは省略されていましたが、お客さまからの注文を受け取る「出力先」であり、バリスタへの作業指示を行う「入力元」である「店員」をあらためて配置しています。

図3.1.4：カフェでの流れをDFDで表したもの

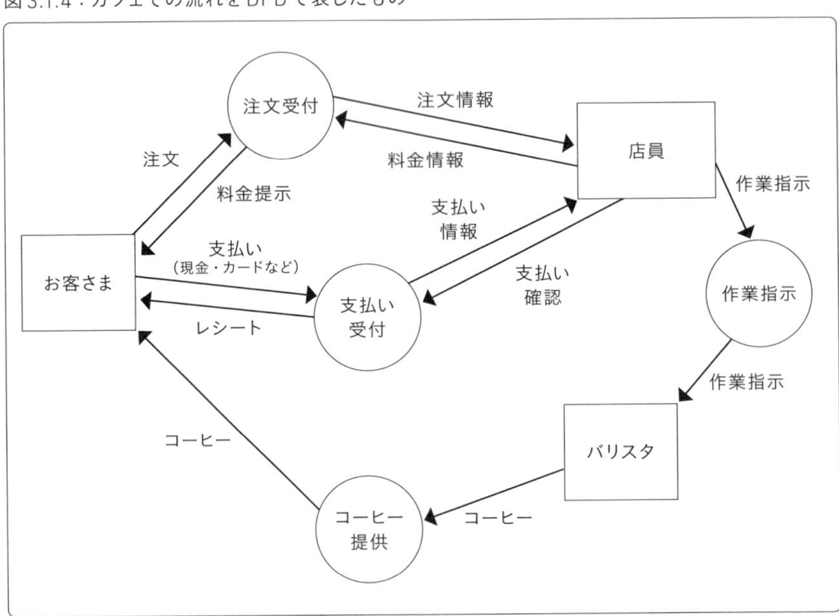

さらに、売上と入金のデータは台帳のようなファイル、あるいはデータベースとして保存しておく必要があります。そこで売上、入金のデータを保存するためのデータストアをDFDに追加します。ここではPOSレジがそれにあたります。現金での取引はもちろんですが、クレジットカードやその他キャッシュレスでの売上・入金についても取引の情報はPOSレジに保存され、ジャーナルとして出力することができます。

ここでの流れとしては、店員がコーヒーの注文を受けて料金を提示し、注文を確認すると売上が発生します。お客さまからお店への支払いは入金情報として処理されます。レシートを渡すことで処理完了となります。

売上・入金情報の格納先として「POSレジ」を想定したデータストアを追加した図は次のようになります。

図3.1.5：カフェでの流れのDFDにデータストアを追加したもの

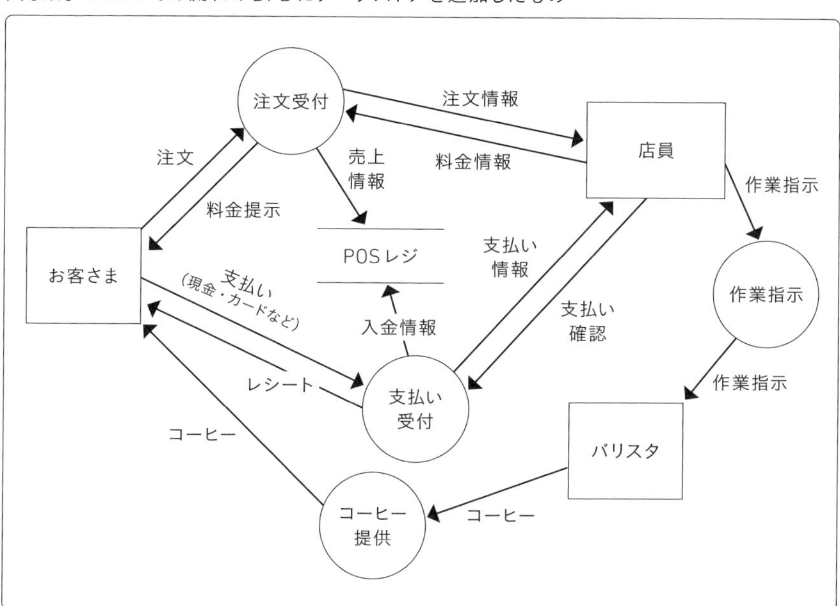

4. 論理モデルへの変換

ここまで作成したDFDは実際にカフェの中で行われている行為をありのままに描写したものです。別の言い方をすると、コーヒーや現金、それからレシートといった現実の「もの」を中心に「実際にどう行われているか」を表した「物理モデル」と呼ばれるものです。

そこから「データや情報がどう流れているか」を整理して、たとえばこの例ではコーヒーや現金といった「もの」やコーヒーを淹れる、会計伝票に記入して切り取るといった「実際の動作（物理的な手順）」を抽象化して情報の流れに着目したものが「論理モデル」です。

本節の例である「カフェでの注文から支払い、コーヒーの提供までのプロセス」を「論理モデル」的な視点から説明すると、システムの物理的な側面を取り払って、データやプロセスの流れに焦点を当てた説明になります。

この例で考えてみると、物理モデルのDFDに外部エンティティとして存在していた「店員」は顧客からの注文のシステムへの入力や、システムから発行されたレシートをお客さまに渡す、そしてシステム経由でバリスタに作業を指示するといったインターフェースとしての「機能あるいは役割」を持っていると言えます。言い換えると「店員」は外部エンティティではなく、プロセスとして捉えることができるということに気がつくことでしょう。

あらためて、カフェでの一連の流れを論理的なプロセスとデータフローに整理してみると次のようになります。

注文

注文処理の最初の段階で、お客さまが口頭で注文を店員に伝えます。お客さまが「注文内容」を店員に伝えて、店員がその情報を基にシステムに「注文データ」を入力します。この段階では、店員がシステムに対するインターフェースとして機能します。ここでのデータフローは、お客さまから店員に「注文内容」が伝達される流れと、店員がシステムに「注文データ」を入力する流れの2つになります。

注文確認と料金計算

次に、注文処理システムは「注文データ」を解析し、料金を計算します。システムは計算された「料金提示データ」を店員に返送し、その後、店員がその内容をお客さまに伝達します。ここでは料金の計算と確認がシステム内部で行われ、店員がその結果を伝える役割を担います。データフローとしては、システムから店員へ「料金提示データ」を返送する流れと、店員がお客さまに「料金提示」を行う流れがあります。

支払いプロセス

支払い処理ではお客さまが料金を店員に支払います。店員はその「支払いデータ」をシステムに入力します。ここでは店員がシステムへのインターフェースとして、支払い情報を管理しています。データフローとしては、お客さまから店員への「支払い」と、店員からシステムへの「支払いデータ」の登録という流れがあります。

支払い確認とレシート生成

支払い確認処理では、システムが「支払いデータ」を確認して支払いの完了を確認します。確認が完了すると、システムは「レシートデータ」や「支払い確認データ」を店員に送信し、それを基に店員がお客さまに支払い完了の確認やレシートを渡します。ここでのデータフローとしては、システムから店員への「支払い確認データ・レシートデータ」の送信と、店員から お客さまへの「レシート」の受け渡しがあります。

作業指示の発行

作業指示処理が始動し、システムはバリスタに「作業指示データ」を生成して送信します。このデータは、店員を介さず直接バリスタに伝えられます。ここでは、システムがバリスタに対して製品の作成を指示します。データフローとしては、システムからバリスタへの「作業指示データ」の送信となります。

商品の提供

最後に、製品提供プロセスです。バリスタが作成したコーヒーをお客さまに提供します。ここでは、バリスタからお客さまへの物理的な提供行為が行われます。データフローをあえて描くならば、バリスタからお客さまへの「コーヒー提供」となります。

このようにして、情報（データ）の流れに注目してDFDを変換したものが次の「論理モデル」です。

図3.1.6：カフェでの流れのDFDを論理モデルに変換

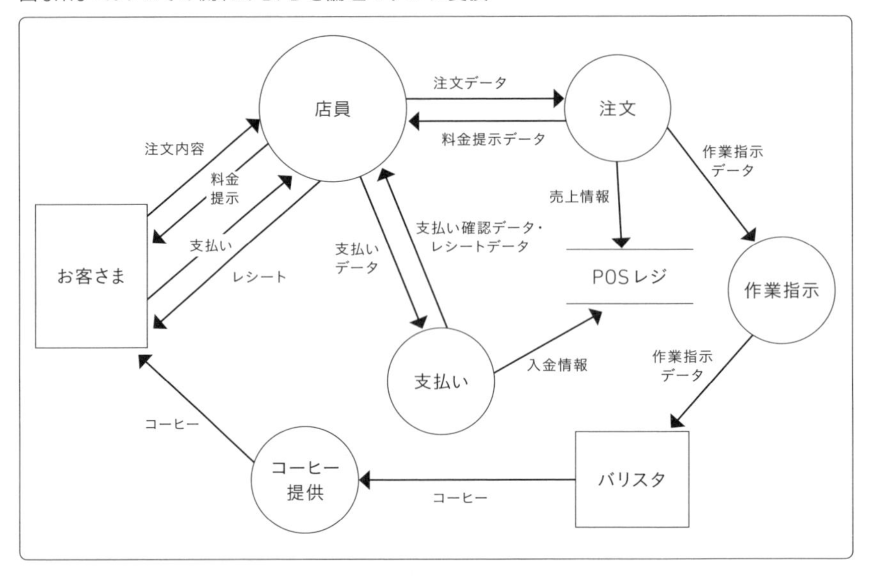

5. 論理モデルのその先

ここまでカフェでの一連の流れをモデル化しながら、「店員が『インターフェース』となってデータを手入力している部分は、現行のプロセスのボトルネックとなりえるポイントじゃないかな？」ということに気がついた読者の方もいらっしゃるのではないでしょうか。

ここでは「お客さまが直接システムに注文データを入力できるようにすればどうなるか？」という気づきが改善のヒントになります。「お客さまが直接システムに注文データを入力できる」セルフサービス化することによって、たとえば次のようなことが期待されます。

- **お客さまがタブレットやアプリケーションを使って直接注文を入力することで、店員を介さずに入力の手間が省ける。結果として、データの入力スピードが上がり、店員の作業負担も軽減される**
- **お客さまが自分で注文を入力することができれば、コミュニケーションエラーが発生するリスクが減少する。また、注文内容の確認も容易になる**

- **システム上でサイズやアイス／ホット以外にも、トッピングやミルクから豆乳／無脂肪乳への変更などのカスタマイズオプションを簡単に選択できるようにすれば、お客さまが自由に自分の好みに応じた注文を正確に行える。また、これにより店員の負担も軽減する**

次節以降ではDFDによるモデル化を通じて業務プロセスの改善を検討する流れについて、架空の旅館でのストーリーを使って説明します。

02 DFDを用いた分析・設計プロセスの概要 ～はじめに～

本章の以降の節では、ある架空の旅館の業務を例にとり、「現状物理モデル」から「将来物理モデル」に至るまでのシステム改善プロセスを解説します。次の4つのステップでシステム化の流れを順に追っていきます。

1. 現状物理モデル

最初に、現状の業務がどのように行われているかを「物理モデル」として描き出します。具体的な作業手順やツール、アナログでの管理方法など、現実の運用方法を図式化し、現状の課題を見つけることを目指します。

2. 現状論理モデル

次に、現状の業務フローを抽象化し、論理的な視点でモデル化します。この段階では現場の個別の操作や物理的制約から離れ、業務の本質的なプロセスに着目します。これにより、現状の問題点や非効率な部分が明らかになります。

3. 将来論理モデル

その次のステップとして、「将来のあるべき姿」を論理的なモデルとして設計します。ここでは特定のシステムや実装方法に縛られず、理想的な業務プロセスを考案します。目的は、現状の問題を解決し、効率的かつ効果的な業務フローを構築することです。

4.　将来物理モデル

最後に、設計した「将来論理モデル」を実際のシステムとして実装する方法を検討します。クラウド導入かオンプレミスか、システムの構成やツールの選択など、具体的な実装戦略をここで決定します。最終的な「将来物理モデル」として、業務を支えるためのシステムの全体像を描きます。

このように、システム化の流れを段階的に説明していきます。本章の目的は現状の業務を分析し、論理的な視点から最適なシステム化へのアプローチ方法について理解することです。

物語は主人公たちがピンチを切り抜ける単純明快なシナリオですが、モデリングの手順をわかりやすく説明し、現実の業務改善を実践するにあたってどのように応用すればよいのかという点に重きを置きました。それでは、本編に進んでいきましょう。

プロローグ：

「蔵人之庄（くらうどのしょう）」は、山間の静かな温泉地にたたずむ、古きよき日本の情緒を残した伝統的な旅館です。創業から何代も続くこの旅館をこの数十年にわたって切り盛りしてきたのはベテランの女将（おかみ）。そして、彼女とともに……いや、女将の母である先代のころから長年この旅館を支えてきたのが番頭さん。二人はこの旅館と従業員を家族のように思い、古くからの常連客を大切にして、細やかなおもてなしで人気を集めてきました。

しかし、近年のインバウンド需要の急増により、外国からの観光客が増え、さまざまな問題が露呈し始めています。とくに写真共有サイトや動画共有サイトでこの温泉地が紹介されインターネット上で話題となった（いわゆるバズってしまった）ことで、世界中から訪れるお客さまが一気に増えたことにより、現場は慌ただしくなり、蔵人之庄のスタッフたちは対応に追われています。

とくに海外からのお客さまが増えるにともなって予約管理や支払い方法の課題が出てきました。長年、手作業で運営してきたこの旅館の業務は、かつてのようにはいかなくなってきており、予約管理や支払い方法の改善は急務でした。

東京でエンジニアとしてのキャリアを経て、家業を継ぐために帰郷してまもない若女将と、その夫で職場の後輩、そして予期せず妻の実家である旅館の経営に関わることになった若旦那は「いにしえの伝統を守りつつ、現代的なサービスを取り入れるにはどうすればよいか？」と頭を悩ませます。

このような状況を改善するためには、どのような手段が考えられるでしょうか？以降の節では、構造化分析の手法を使って現在の運営方法を見直し、物語の舞台である架空の旅館が直面している課題を解決するための新しいシステムを検討する過程を説明します。

旅館『蔵人之庄』の事務室、ある日の夕方の休憩時間。女将さんと番頭さんが帳簿を前にして、手書きで宿泊者の情報や売上、支払いを確認していますが、数字のずれを見つけてしまいます。

女将

「あら、また数字が合わない。どこで間違えたかしら……」

番頭

「このところ、忙しくて、私も時々うっかりすることがあります。手作業だと、どうしてもね」

そこに若女将と若旦那がやってきます。

若女将

「お母さん、番頭さん、今日はちょっとお話ししたいことがあって」

若旦那

「システム化のことなんですけど……。これから、外国のお客さまも増えていくし、このまま手作業メインで続けるのはちょっと無理ですよね？」

女将

「システム化ねえ……。うちがずっとやってきたのとは違うし、そんなに必要かしら？　お金もかかるんでしょう？　面倒なことはあまりやりたくないわ」

若女将

「わかりますよ、お母さん。でもね、この前の連休のダブルブッキングのこと思い出してみてね。あのときは何とか対応できたけど、もしもっと大勢のお客さまが同時に来たら、手に負えなくなりますよ。ちゃんと予約や支払いを管理できるシステムがあれば、こういうミスを防げるんです」

若旦那

「しかも、お母さんと番頭さんがいままで大事にしてきたお客さまとの対話の時間を、数字とにらめっこしてる時間を減らすことで増やせますよ。そうすれば、もっといい旅館になるはずです」

番頭

「たしかに、最近はとくに数字の管理が大変になってきましたね。お客さまに迷惑をかけることは避けたいね」

若女将

「お母さん、これからも蔵人之庄のよさを守りたいからこそ、いまがシステム化するタイミングなんです」

女将さんはしばらく考えた後、重い口を開きます。

女将

「……わかったよ。私たちも変わらないといけない時期なのかもしれないね。やってみなさい」

03 いまのシステムをわかりやすく描いてみる ～現状物理モデルを作成する～

最近のトラブルの頻発に加え、手作業が主体の予約管理に限界を感じ始めていた旅館「蔵人之庄」の若女将と若旦那は従業員と話し合い、まずは現状の業務フローを整理し、どこに問題があるのかを明確にする必要があると考えました。そして、データフローダイアグラム（DFD）を使って現状の宿泊予約・支払いの流れを「可視化」し、改善の糸口を見つけることを決意しました。

最初に、いまの業務がどのように行われているかを「現状物理モデル」としてDFDに描き出します。現状物理モデルとは、すなわち「いままさにここで」行われている旅館の業務について、その全体像と外部との関わりを「手作業による手順やドキュメント（書類）などの固有名詞なども含めてありのままの形で」把握することです。

従業員との会話が始まる前、会議室には家族経営の伝統旅館には珍しくちょっとした緊張感が漂っていました。

若女将

「今日は皆さんの普段の仕事のやり方について教えてもらいたいんです。最近、予約や支払いのトラブルが多くて……。どこに問題があるのか、一度詳しく聞かせてください」

女将

「そうねぇ……。たとえば予約の管理ね。いまは電話やFAXで予約を受けて、予約台帳に手書きで記入してるでしょ。でも、たまに書き漏らしたり、ダブルブッキングがあったりするのよ」

番頭

「そうなんですよ。しかも、オンライン予約サイトからの予約はメールで通知が届くんですが、同じことを予約帳に書き写してそちらで管理してるから、どうしても手間がかかるんです。何度も確認しないと記入漏れや重複が起こりかねないんです」

若旦那

「それだと、予約の状況を把握するのに時間がかかりそうですね。支払いの面ではどうですか？」

帳場（フロント）係

「最近、外国からのお客さまが増えてきているんですけど、キャッシュレスに対応していないのが問題になってきていて……。とくにQRコード決済を使いたいって言われることも多いんですが、現状は現金と一部のカードしか使えなくて、お客さまにご不便をかけてしまっているんですよ」

若旦那

「それは困りますね。予約時にはキャッシュレス対応かどうかを確認されることもありますし、実際に来ていただいたお客さまにスムーズなお支払いを提供できないのは、旅館の印象にも影響しそうですね」

若女将

「そうね。キャッシュレスの需要が高まっているいまのご時世、支払いの選択肢を広げることも重要ね。何か工夫できる点はないか、考えてみましょう」

帳場（フロント）係

「それと、支払いが終わった後で帳簿に記入するのも手作業で。チェックアウトが遅い時間に集中すると、どうしても残業になってしまって……」

若旦那

「なるほど、いろいろと手作業で効率が悪い部分が多いですね。いまのやり方を見直すところがいっぱいありそうです」

若女将

「皆さん、今日は詳しく話を聞かせてくれてありがとう。きめの細かい接客サービスや、いまの方法のいいところもあるし、昔からのやり方を変えるのは簡単じゃないけれど、蔵人之庄の魅力を守りながら、もっと効率的な方法を一緒に考えていきましょう」

はじめに、この旅館の業務をDFDを使ってモデル化するにあたって、コンテキストダイアグラムを作成して旅館の全体像と外部との関係を把握しましょう。

旅館「蔵人之庄」のコンテキストダイアグラムを描き始めるにあたって、まずは業務全体を示すプロセスを配置します。この中には予約管理、顧客管理、宿泊手配、支払い管理など、さまざまな機能が含まれています。

続いて、旅館業務のプロセスとやりとりを行う主な外部エンティティを特定します。1つ目の「顧客」は宿泊を予約し、旅館を利用するエンティティです。データフローとしては、「予約データ」「予約確認」「チェックイン・チェックアウト情報」「支払いデータ」などがあげられます。

2つ目に「外部の予約サイト」があります。顧客からのウェブサイトでの宿泊予約を旅館システムに連携させるエンティティです。

3つ目に「決済システム」があります。クレジットカード会社や銀行などの支払い処理を行うエンティティです。「支払いデータ」「決済確認」などのやりとりがあります。

これらの外部エンティティと旅館業務のプロセスがやりとりを行う代表的なデータフローには次のようなものがあるでしょう。

- **予約データ**は、顧客から旅館業務のプロセスに向かうデータフローである。顧客が予約を行うと、その情報が旅館の予約担当者に送信される
- **予約確認データ**は、その逆向きに旅館業務のプロセスから顧客に向かうデータフローである。旅館の担当者が予約内容を確認し、顧客に連絡する
- **予約連携データ**は、外部予約サイトから旅館業務のプロセスに向かうデータフローである。外部の予約サイトを通じて行われた予約情報が担当者に通知される
- **予約連携確認データ**は、旅館業務のプロセスから外部予約サイトへ向かうデータフローである。外部予約サイトからの予約を確認して、その結果を外部サービス提供者に送信する
- **支払いデータ**は、顧客から決済システムへのデータフローである。顧客が宿泊料金を支払うデータが銀行やカード会社の決済システムに送信される
- **支払い確認データ**は、外部の決済システムから旅館業務のプロセスへのデータフローである。決済完了後に支払い確認の結果が決済用の端末に返送される

図3.3.1：旅館「蔵人之庄」での業務のコンテキストダイアグラム

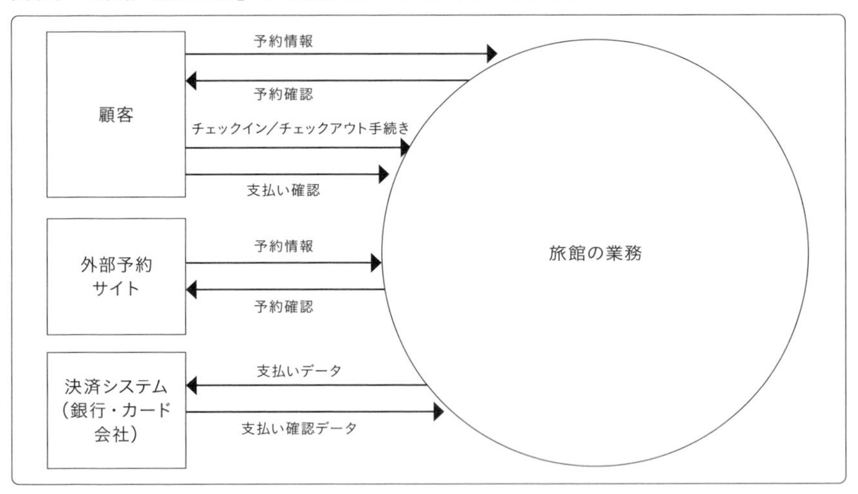

ここで分析・モデリングの対象となるのは、上記のコンテキストダイアグラムであげた、宿泊予約、チェックイン／チェックアウト、支払いといった業務プロセス部分の改善というところです。この伝統ある旅館の強みである「心のこもったおもてなし」の部分には手をつけないことにします。

蔵人之庄の現状の物理モデルでは、女将と番頭さんが従業員の先頭に立って、次のような手作業が行われています。

宿泊予約

顧客が電話、FAX、あるいはメールで予約を行います。電話対応やメールの返信は主にフロントスタッフが担当しています。予約内容は紙の台帳に手書きで記録され、その後フロントのカウンター横のボードにも貼り出されます。

チェックイン・チェックアウト

宿泊日当日、顧客がチェックインするとフロントでは手動でチェックイン処理が行われます。チェックアウト時には、滞在中の費用を手書きの領収書で精算します。

支払い

支払いは主に現金で行われ、クレジットカード対応は一部しかなく、外国人客には不便が生じています。支払い内容はまた紙の帳簿に手書きで記録されます。

現状物理モデルのDFD

この状況を基に、蔵人之庄の現状物理モデルをDFDで描くときには次の要素を考慮する必要があります。

- **外部エンティティ**：顧客（直接・外部予約サイト経由問わず）
- **プロセス**：（対外的な窓口＝インターフェースとしての）フロント業務、予約受付、チェックイン、支払い、チェックアウト
- **データストア**：紙の予約台帳、宿泊者名簿、帳簿

要素を洗い出せたので、DFDで予約～支払いまでの流れを整理してみましょう。

1. 顧客が「宿泊予約」を行い、「フロント」が「予約情報」を紙の台帳に手書きで記録する。外部予約サイトからの「宿泊予約」もまた予約の確認後、同様に紙の台帳に「予約情報」を記録する
2. 宿泊日当日、顧客が「チェックイン」し、「フロント」でその情報を確認し、部屋に案内する。チェックイン情報も紙で管理される
3. 「チェックアウト」時に、宿泊料金や食事代などが「支払い」処理され、「フロント」は手書きの帳簿に記録する

図3.3.2：旅館「蔵人之庄」の現状物理モデルDFD

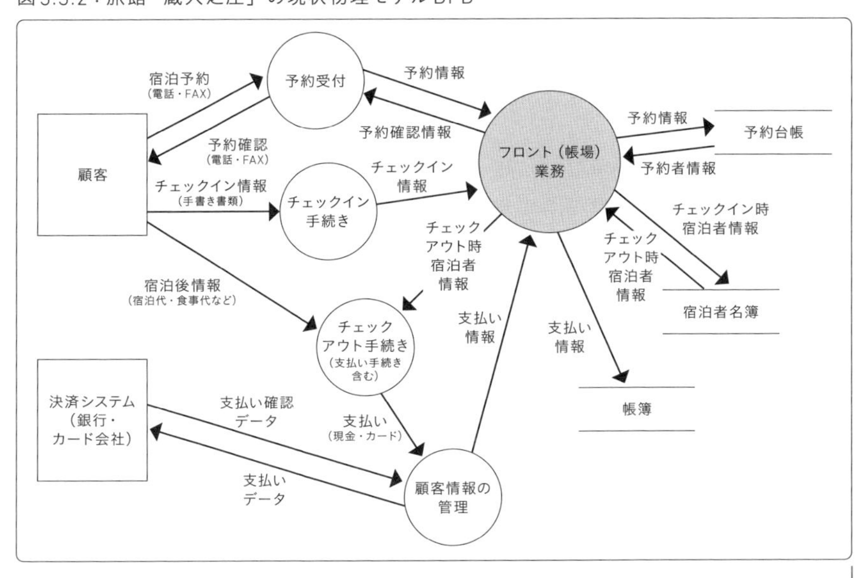

従業員へのヒアリングを通じてDFDに落とし込んでみると次のポイントが見えてきました。

- **描き出されたプロセスは主に帳場（フロント）のスタッフによって実際に人の手を介して行われている作業が中心となっていて、手書きの帳簿や紙の台帳、現金管理といった物理的なものがデータの流れを担っている**
- **エラーの発生源（ダブルブッキングや支払いミスなど）も人為的な作業に起因する部分が多いと考えられる**

若女将

「あらためて書き出してみると、とにかく帳場（フロント）に業務が集中していて、しかも手作業が多いわね」

若旦那

「コンピュータを導入したとは言っても、フロントとは別の経理で手書きした伝票をパッケージ・ソフトにただ入力して帳票の作成に使っているのと、後は従業員みんなの給与管理くらいかな」

若女将

「それだって昔に比べたらだいぶマシになったと思うわ」

若旦那

「なにはともあれ、予約受付業務とチェックイン・チェックアウト、それから支払い業務にみんなの手間がかかっているのを何とかしなくちゃね」

若女将

「じゃあ、それらの業務の本質的な部分、予約やチェックイン・チェックアウト、それに支払いに関するデータ、つまり『これがわからないと仕事が進まない情報』がどんなふうに流れているのか整理してみようよ」

次の節では、ここまで整理した現状物理モデルから、よりデータの流れに焦点を当てた現状論理モデルの作成に取り掛かります。

04 システムの動きをスッキリ整理する ～現状論理モデルを作成する～

第3章

現状論理モデルとは、現状の業務プロセスの「背後にある」論理のことです。言い換えると「データや情報がどう流れているか」を整理したもので、前節の現状物理モデルから余分なところ（＝もの）を取り除いて核心部分（＝情報・データ）を表現することで、物理的な操作を抽象化し、システムとしての情報の流れに着目します。

具体的な物理的手段（手書きの台帳など）は考慮せず、システムが機能として何を行っているかに焦点を当てます。

前節で要素としてあげたプロセス、データストアを物理的なものから論理的な情報とその流れに変換すると次のようになります。

- **予約受付**：予約情報が「顧客 → フロント → 台帳」にデータとして流れていると捉える。電話やFAXという手段は抽象化され、「予約情報」の入力として扱われる
- **チェックイン・チェックアウト**：顧客情報が「顧客 → フロント → チェックインリスト」に反映され、必要な情報は紙ではなく「チェックイン情報」として抽象化される
- **支払い**：チェックアウト時に支払いデータが「顧客 → フロント → 帳簿」に反映され、物理的な現金取引ではなく、支払い処理という形で情報として記録される
- **データ管理**：データストアとして「予約情報」「チェックイン情報」「支払い情報」などが論理的に管理されている

「蔵人之庄」では、予約からチェックイン、チェックアウト、そして支払いといった業務の多くが主に人の手で行われており、その多くがフロント業務を担当するスタッフに集中しています。これにより、フロントのスタッフによる柔軟な対応は行えるものの、業務効率は低く、ミスが発生するリスクが高い状態と言えます。

図3.4.1：旅館「蔵人之庄」の現状論理モデルDFD

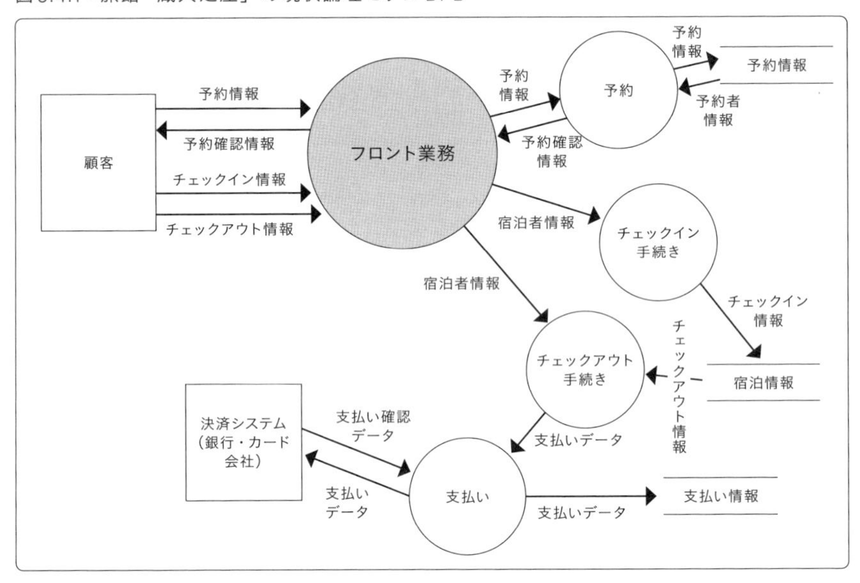

「現状論理モデル」をDFDとして描くと、現行物理モデルでは表面的な手作業や紙の処理が見えていました。論理モデルによって情報の流れやデータの扱いがクリアになり、業務上の問題点や非効率さが浮かび上がってきます。

たとえば、次のようなことがらが論理モデルのDFDから見えてくるでしょう。

1. データの一元管理がされていない

現行物理モデルでは予約台帳や手書きの帳簿が見えていましたが、論理モデルでは、それぞれの情報が異なる場所で管理されていることが明らかになります。予約情報、支払い情報、顧客データなどが分散して管理されているため、次の問題が浮かび上がります。

- **ダブルブッキングのリスク**：予約情報がリアルタイムで更新されておらず、異なる担当者が同じ部屋を重複して予約する可能性がある
- **顧客対応の不整合**：チェックイン時に予約情報や過去の宿泊履歴が正確に把握できないため、顧客満足度が低下するリスクがある

2. 無駄なデータ入力や確認作業

予約から支払いまでの一連の業務で自動的な情報の連携がされず、人手を介して情報の伝達がなされていることから、次の問題が浮かび上がります。

- **重複したデータ入力**：スタッフが予約時に手書きで情報を受け取り、さらに後でそれをシステムに入力するなど、手間のかかる作業が繰り返されていることがわかる。これによって、ミスや遅延が発生する可能性が高まる
- **二度手間の確認作業**：予約情報と支払い情報が連携していないため、チェックアウト時に顧客の料金確認や支払いの確認に時間がかかることが明らかになる

3. 連携不足によるオペレーションが効率的でない

業務間でスムーズな情報の連携ができないことから、次の問題が浮かび上がります。

- **業務間の情報連携が不十分**：宿泊客がチェックアウトした後、客室担当のスタッフに情報が適時伝達されず、次の予約客がすぐにチェックインできない状況が発生する可能性がある。また、フロント、客室、厨房などの部門間で情報が手動で共有されるため、予約変更やキャンセルがうまく伝わらない場合があり、これが混乱を招く

4. 顧客情報の利用不足

そして、業務間で情報をうまく管理できていないことで、情報を利活用できないという問題が浮かび上がります。

- **データ活用の停滞**：顧客のリピート履歴や特別な要望などの情報が個別の記録で管理されており、次回の宿泊時に有効に活用されていないことがわかる。論理モデルでは、これがデータの非効率な活用として浮き彫りになる。

これらの問題点は、現状論理モデルを作成することではじめてはっきりと見えてくる部分です。この分析を基にして、次のステップでは将来論理モデルを検討し、どのようなシステムやプロセス改善を行うべきか具体的に検討することができます。

若旦那

「ここまで何とか頑張ってこられたのは、番頭さんをはじめとする従業員の皆が常連のお客さまのことをよく覚えていてくれたり、いろんなところに気を配ってくれていたおかげだということがわかるね」

若女将

「でも、そういう特定の誰かに依存したオペレーションももう限界になっているのが明らかだし、うちも変わることを考えないといけないわね」

若旦那

「まずは、帳場（フロント）に業務の入り口が集中しているのと、手作業でのデータ管理がそれに輪をかけて効率を悪化させたり、ミスを誘発させたりしているのを何とかしないとね」

次の節ではシステム化したい要件を加味して「あるべき姿」を検討し、DFDで表現することを試みます。

05 未来のシステムを想像してみる～将来論理モデルを作成する～

1. 問題点の把握（現状論理モデルから変えるべきポイント）

現状論理モデルでは、手作業の多さやデータの分散が問題として浮かび上がりました。たとえば、予約管理や顧客情報の管理がアナログで行われ、ダブルブッキングのリスクや支払いに手間どることが発生している状態です。これらの問題点を解決するためには、データの一元化や自動化が求められています。

2.「あるべき姿」を考える

ここではシステム化を前提にして、業務の効率化を目指します。たとえば次のような「あるべき姿」を考えます。

- **予約管理のシステム化**：予約情報をリアルタイムで確認でき、ほかのスタッフや部門と即座に共有できるシステムを導入することで、ダブルブッキングの問題を解決する
- **顧客データの一元化**：外国人観光客も増えてきているため、顧客情報を一元管理し、リピーターや新規客への対応をスムーズに行えるようにする。チェックイン時に情報を確認するだけでなく、好みや特別なリクエストを迅速に把握できる仕組みが必要である
- **支払い手続きの改善**：多様な支払い方法（カード、電子決済、現金）をスムーズに受け入れ、支払いに手間がかからないようにする。また、会計処理が自動で行われ、経理部門とも連携できる仕組みを導入する

ここは、旅館「蔵人之庄」の「あるべき姿を考える」家族会議。

若旦那

「まずは予約だけど、帳場（フロント）での電話やFAXでの確認や、その後の台帳への転記作業を減らすために、お客さまがオンラインで直接予約をできるように予約システムを構築する必要があるよね」

若女将

「そうね。空室情報もそこでリアルタイムで更新するようにして、ダブルブッキングのリスクも減らせるようにね」

若旦那

「予約時に入力してもらったデータを利用することでチェックインもスムーズにできるはずだし、チェックアウト完了までデータを一元管理してスムーズに対応できるようにしたいね。食事や移動なんかで特別な対応が必要なお客さまの対応もベテランのスタッフでなくても、お客さまが新規か常連かを問わず皆で共有できるようにするのが理想だね」

若女将

「それが実現できたら、後は支払いかな。最近とくにリクエストが多いQRコード決済なんかも、導入するなら女将さんがやる気になってるいまがそのタイミングかも」

若旦那

「じゃあ、その『あるべき姿』をDFDを使ってモデル化してみようよ」

3. 将来論理モデルの具体化

この時点で、業務の流れが明確になります。論理モデルでは「何がどのように動くべきか」を描くため、次のような形になります。

図3.5.1：将来論理モデルのDFD

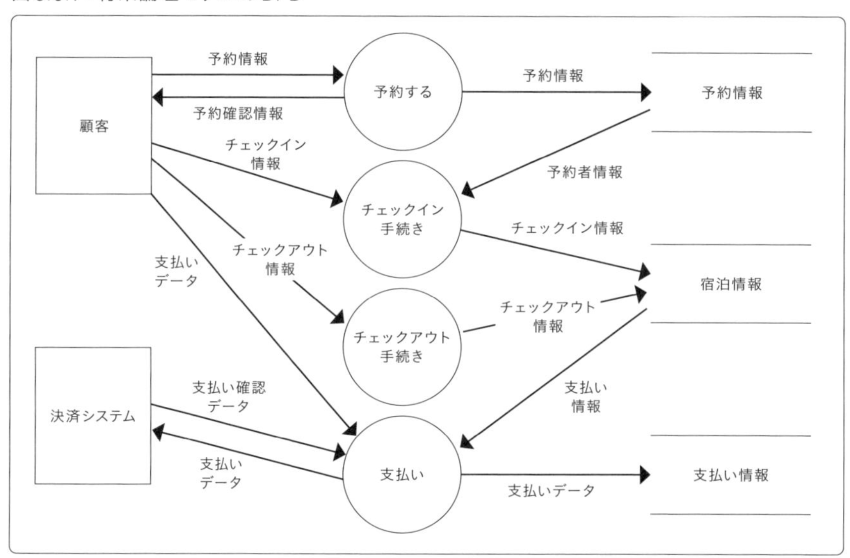

ここでのポイントは次のとおりです。

- **予約プロセスの自動化**：顧客がインターネットや電話で予約を行うと、その情報がリアルタイムでデータベースに反映される。データベースの情報はすべての関係者（フロント、清掃スタッフ、調理場など）で共有され、部屋の確保や準備が一元管理される
- **顧客情報の一元管理**：顧客のリクエストや過去の宿泊履歴がデータベースに蓄積され、再訪時に特別なリクエストがあれば事前に対応が可能になる。また、顧客からのフィードバックもデータベースに記録し、サービス改善に利用することができる
- **支払いの効率化**：顧客が宿泊後、スムーズに支払いが完了し、経理が自動で処理され、日々のキャッシュフロー管理や帳簿への記録が効率化される

4. 仕組みを考える（ただし、実装方法はまだ決めない）

論理モデルは、システムの実装方法に依存しません。クラウドかオンプレミスか、どのソフトウェアを使うかなどの具体的な実装はまだ決定されていません。ただし、この段階ではシステム化された「あるべき姿」の概要が明確になっているため、どのような技術やインフラが必要になるかはある程度見えてきます。

5. 将来論理モデルで見えてくること

このモデルを通して、問題点をシステム化で解決できるという確信が得られます。そして、具体的な改善案を次のフェーズ（将来物理モデル）で検討する準備が整います。

6. データディクショナリの検討

データディクショナリはシステム内で使われるデータの詳細な定義や属性を記述するためのもので、DFDだけでは表現しきれないデータの構造を補完する役割を持ちます。若女将と若旦那もまた、将来論理モデルを見据えてシステムがどのように動くべきか、データがどのように流れるべきかを検討し、プロセスとデータの関係を可視化することを試みます。

ここで少し時間をさかのぼって、「あるべき姿を考える」家族会議の続き。

若女将

「蔵人之荘では、予約帳、顧客リスト、支払いの記録など、いろんな情報が手書きでバラバラの帳簿に記入されてるよね。だからこそ、予約のダブルブッキングや、お客さまのリクエストの伝達ミスが起こりやすくなっている気がする」

若旦那

「そうなんだよね。帳場（フロント）では予約帳、清掃スタッフは清掃スケジュール表、調理場では食事のリクエスト用のメモ帳、そして帳場では支払いの帳簿も管理しているけど、これらの情報がまとまっていないから、どうしても連携ミスが出てしまうんだ」

若女将

「たとえば、いまのお客さまの状況をすぐに確認しようとしても、複数の帳簿を見比べる必要があるわけだし、リアルタイムで情報を共有できないのが痛いわよね。これではサービスの質を高めることも難しいわ」

若旦那

「うん。情報が分散しているだけでなく、すべて手書きだから、データの集計や分析も手間がかかるし、ミスが発生しやすいよ。そこで、これらの情報をすべて一元管理できる新業務システムを作るっていうのはどうだろう？」

若女将

「いいアイデアね。それによって、予約情報、顧客情報、支払い情報が1つのシステムにまとめられるわけだから、みんながリアルタイムで情報を共有できるようになる。これまで手作業でやっていたことをシステム化することで、業務の効率化はもちろん、サービスの質も向上させられるわ」

若旦那

「そうだね。それに、統合されたシステムを使えば、各情報の正確性や一貫性も保てるし、後々データを分析して旅館の運営に活かすこともできる。まずは現状でどんなデータが必要で、それをどう整理するかをしっかり考えていこう」

若女将

「そのとおりね。まずは手書きの帳簿に散らばっている情報を洗い出して、新業務システムでデータを一元管理するための設計を始めましょう。それがデータディクショナリの第一歩になるわ」

現代のシステム開発において、トム・デマルコの著書『構造化分析とシステム仕様』における「データディクショナリ」に相当するものを作成するタイミングや使用する手法は、プロジェクトの性質に応じて異なりますが、次のようなアプローチが考えられます。

将来論理モデルの具体化

DFDを通じて主要なデータフローとプロセスが定義された後、各データフローに含まれるデータの具体的な内容を定義します。

たとえば予約データには「顧客名」「宿泊日」「部屋タイプ」「支払い方法」などの項目が含まれることがわかるので、それぞれの項目の詳細（データ型、制約、可能な値など）をデータディクショナリとして整理します。

「あるべき姿」を考える際の補助ツール

システムの「あるべき姿」を明確にするため、データディクショナリを参照し、データ項目の正確性や整合性をチェックします。

7. 現代のデータモデリング手法

データディクショナリの役割を果たすために、現代では次のようなデータモデリングツールや手法が一般的に使われます。

ER図（エンティティ・リレーションシップ図）

ER図は、データベース設計において使用される代表的なツールで、システム内のデータの主要な構成要素（エンティティ）とその間の関係（リレーション）を視覚的に表現するという点で優れたツールです。ER図を使ってデータベース設計を行う際に、データディクショナリとしての情報（名前や識別子といった属性、データ型、制約など）を定義します。

データベース設計ツール

データベース設計ツール（GUIベースでデータベースのテーブルとそこに含まれるカラム情報を定義するツール）を使ってデータモデルを視覚化し、データベーススキーマの自動生成やDDL（データ定義文）の生成を行います。データベースに接続してスキーマオブジェクトの定義情報を生成したり、ER図をリバース作成したりするものもあります。

UMLクラス図

UML（統一モデリング言語）クラス図は、オブジェクト指向システムのデータ構造を定義するために使用され、クラス、属性、メソッド、クラス間の関連を表現します。データの構造だけでなく、振る舞いも合わせてモデリングする必要がある場合に適しています。

JSON / YAMLスキーマ

現代のウェブシステムでは、データ交換フォーマットとしてJSONやYAMLが使われることが多く、それぞれのスキーマを定義することでデータ構造を記述します。

8. データディクショナリを補完する方法

現代のシステム開発では、データディクショナリを単独で作成・使用するのではなく、ほかのモデリング手法やツールと組み合わせてデータの定義と管理を行うのがよいでしょう。

第3章

- **ER図やUMLと連携**：ER図やUMLクラス図でデータ構造を視覚化し、それに対応するデータディクショナリを作成して詳細な仕様を補完する
- **APIドキュメンテーション**：APIのドキュメントに含まれるデータ定義（サポートされるデータ型、リクエストパラメータ、レスポンスフォーマット、エラーコードなど）がデータディクショナリの役割を果たす
- **自動生成とドキュメント化**：モデリングツールからデータディクショナリを自動生成し、最新のシステム仕様をドキュメント化することで、常に一貫性を保つようにする

データディクショナリの作成は「将来論理モデル」の具体化段階で行い、ER図やUMLクラス図、データディクショナリツール、APIドキュメントなどの現代的な手法やツールを使うことで、システム内のデータの構造を明確にし、ユーザーにとって理解しやすいシステム設計を支援します。

9. 業務の意思決定の流れを整理する（デシジョン・テーブル）

「予約システムを導入するにしても、いままで手作業でやっていたフローをちゃんと整理しないと、ただ混乱を招くだけかもしれないな。たとえば、どのタイミングで部屋を確定するか、キャンセルポリシーをどう扱うか……。意外と複雑だ」

「そうね。じゃあ、いまのやり方を1つずつ見直して、図にしてみましょう。予約が入ったとき、電話とオンライン予約で違う処理があるかどうか、キャンセルが発生したときの手順も含めて整理しないと」

帳場（フロント）係

「予約の確認からチェックインまでにはいくつかの条件分岐がありますね。たとえば、キャンセル料が発生するかどうかは予約日からの経過日数によるし、お食事で食べられないものがあるとか、特別なリクエストがあるお客さまには対応の準備が必要です」

若旦那

「よし、それならデシジョン・テーブルを使ってみませんか？　条件分岐を視覚化すれば、どこが複雑なのか、どこに無駄があるのかが見えてくるはずです」

若女将

「いい考えね。デシジョン・テーブルで視覚化してみたら、各ステップの意思決定のポイントやルールが明確になるわ。まずは、部屋の空き状況の確認から予約の確定、チェックインまでのプロセスを整理しましょう」

条件	宿泊日数	シーズン	部屋タイプ	食事プラン	介助サポート	必要な準備
ルール1	1泊	平常	標準	朝食つき	なし	標準の準備
ルール2	2泊以上	平常	デラックス	肉・魚NG	なし	精進料理準備
ルール3	1泊	ハイシーズン	デラックス	その他特別な配慮	なし	特別対応調整
ルール4	2泊以上	ハイシーズン	標準	朝食つき	あり	介助サポート準備
ルール5	1泊	平常	デラックス	その他特別な配慮	あり	特別対応調整＋介助サポート準備
ルール6	2泊以上	ハイシーズン	デラックス	肉・魚NG	あり	精進料理準備＋介助サポート準備

若旦那

「たとえば、予約リクエストが来たら、まず条件に合うプランの部屋について空き状況を確認する。空きがあれば次のステップで、オンライン予約か電話予約かを分岐させる。オンライン予約で食事やそれ以外のサポートで特別な対応が不要ならば自動で部屋を確定、電話予約なら確認後に手動で確定……といった感じですね」

帳場（フロント）係

「お、なるほど。こうやって図にしてみると、電話予約の確認プロセスに時間がかかる理由がわかりますね。電話でもお客さまがプッシュ・ボタンで質問に回答できるようにして、自動化すればもっと効率がよくなりそうです」

「そうそう、これで業務フローが一目でわかるようになりましたね。このデシジョン・テーブルを基にして、新しいシステムのフローを作り直しましょう」

06 未来のシステムを具体的に描く ～将来物理モデルを作成する～

この節では前節で課題としてあげられた「予約」と「支払い」業務プロセスの改善を、今度はコンピュータでどのように実装するかを論じます。ここでは、クラウドかオンプレミスかといった選択肢や、実際のシステムの構築方法について論じます。予約システムやデータベースの導入など、具体的なソリューションが登場し、旅館「蔵人之庄」のシステムの未来の姿が見えてきます。全体の流れは次のようになります。

はじめに「コンテキストダイアグラム」を作成し、旅館全体の業務フローと外部との関係のあるべき姿を示します。次に「レベル0 DFD」で主要な業務プロセスとそのデータフローを詳細化します。それから「レベル1 DFD」で各プロセスの内部について、より詳細なデータフローを示します。

1. 課題の再確認

まずは、すでに浮き彫りになった「予約の二重管理」や「支払いの煩雑さ」といった問題点を明確にします。この時点で、現状論理モデルにおけるボトルネックがはっきりしているため、その問題に対処するために「将来論理モデル」で考えた改善案がどう具体化されるかにフォーカスします。

2. コンテキストダイアグラム（高レベルの外部とのやりとり）

「あるべき姿」の実現に向けて旅館の業務と外部との関わりを描いたコンテキストダイアグラムのポイントは次の3点です。

- **外部エンティティは、この段階では「予約サイト」や「決済システム」とシンプルなデータのやりとりを行うということを示す**
- **顧客はオンライン予約サイトを通じて予約を行い、決済システムを使って支払いを済ませる。外部エンティティとしての顧客が業務システムと直接やりとりするのはチェックイン／チェックアウトの情報である**
- **ここでは、旅館は予約情報と支払い確認を受け取り、チェックインや滞在中の業務が円滑に行われるためのデータを管理するという図式で基本的なデータフローを描写する**

図3.6.1：将来物理モデルのコンテキストダイアグラム

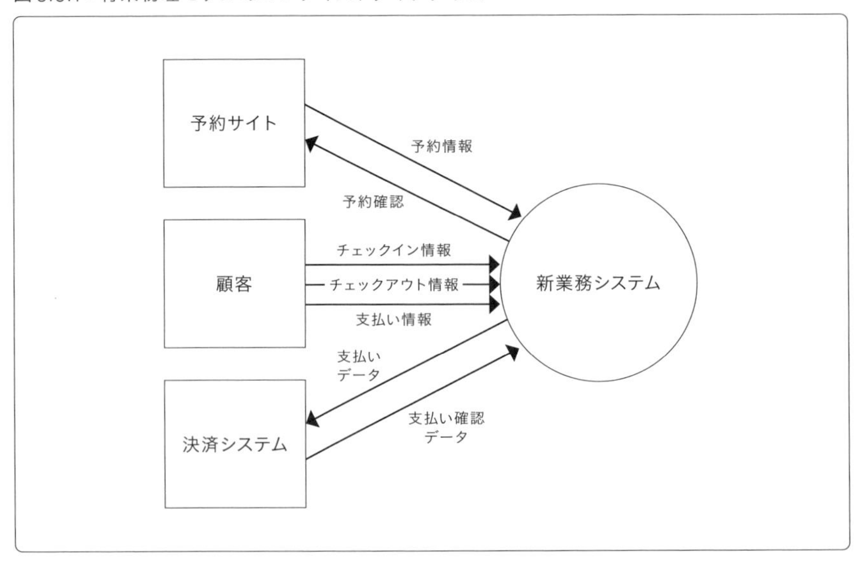

3. DFD（主要プロセスの詳細化）

レベル0のDFDで大きな1つのプロセスとして描いた「新業務システム」を次にあげる3つのプロセスに分割し、それぞれの詳細を記述します。

- **予約プロセス**：オンライン予約サイトからの予約データがシステムに入力され、旅館側でデータベースの空室情報などをチェックし、予約処理の結果を予約サイトを通じて回答する
- **支払いプロセス**：クレジットカードやQRコード決済など、複数の支払い方法を想定して外部の決済システムとやりとりを行う
- **チェックイン／チェックアウトプロセス**：予約処理の段階からデータベースで宿泊者データを一元管理し、それを参照することでチェックイン・チェックアウトのセルフサービス化を実現し、フロント業務プロセスを効率化する

ここでは、従来フロントに集中していた予約と支払い処理が自動化され、データが旅館の統合データベースにリアルタイムで反映される様子を表しています。

図3.6.2：コンテキストダイアグラムの大きなプロセスを詳細化

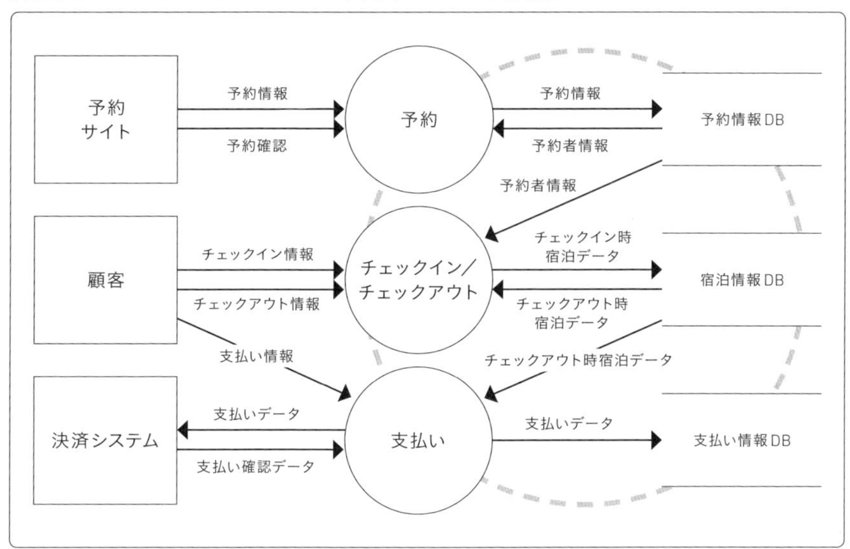

第3章

若旦那

「これまでは必ず帳場（フロント）を介して処理されていた予約、チェックイン／チェックアウト、そして支払いがそれぞれ独自で動くプロセスになったけれど、予約のときに生成されたデータが一元管理されてほかの処理とも共有できるようになってだいぶスッキリしましたね」

帳場（フロント）係

「お、ちょっと前に見た図と比べてみても、いろんなことが帳場（フロント）に集中していたのが楽になりそうな気がしますね」

若女将

「そうそう。その分、ほかのところでお客さまへの気配りをよろしくお願いしますね」

4. 実装方法の検討

そして、実際のシステムとして実装する方法を検討します。クラウド導入かオンプレミスか、システムの構成やツールの選択など、具体的な実装戦略をここで決定します。たとえば、「クラウドにすることで、場所の制約をなくし、データの安全性や拡張性を確保する」というアイデアに、コストやセキュリティ面で考えられる課題をどう解決するかがテーマになります。

このストーリーの舞台になっている旅館でも、新システムをオンプレミス、クラウドのどちらに構築するか？　という話題が出たようです。夕方、「蔵人之庄」の事務所で若旦那がパソコンの画面をのぞき込んでいます。彼の前には、PCベンダーの法人向けサーバー製品の購入ページが開かれています。

若旦那

「予約システムと決済システムのアプリケーションを動かすサーバーと顧客情報を一元管理するDBサーバーって、それぞれどれくらいのスペックを用意しないといけないかな……」

若女将は少し困ったような顔をして、机に肘をつきながら考え込んでいます。

若女将

「たしかにオンプレミスならすべての管理を自分たちでできるわね。でも、現実的に考えてサーバーの管理やメンテナンスにかかるコストも膨大になるわよ」

若旦那

「うんうん。それにこの古い旅館にとってはシステム化はおおごとだから、スモール・スタートで始められるクラウドは魅力的だね」

若女将

「それに大手のクラウドサービスなら、物理的なセキュリティも万全だし、データのバックアップやリストアのプロセスも確立されているから私たちで全部を管理するより、よっぽど安全よ」

若旦那はしばらく考え込んでいましたが、やがてうなずきました。

若旦那

「そう言われるとたしかにクラウドの方がいいね。でも、ここにサーバールームを作る野望は遠のいたかな（笑）」

5. 将来物理モデルの完成

業務の効率化、予約と支払いのミスの防止、データのリアルタイム共有という「あるべき姿」を実現するためにどのような実装をするか、そろそろ結論が出てきたようです。

若旦那

「予約や支払い情報を統合データベースを使って一元管理する仕組みについては、予約システムと支払いシステムをクラウド上で稼働させるのはもちろんなんだけど、データベースについてもクラウド上のマネージドデータベースを利用する案でどうかな」

若女将

「うんうん、いい考えよ。それならデータベースの保守や管理が楽になるわね」

若旦那

「それにクラウドだから、ハイシーズンで予約が増えても柔軟に対応できるんだ」

若女将

「データのバックアップも自動で行われるから安心ね」

若旦那

「クラウドでもオンプレミスのどちらでもデータの一元管理、たとえばお客さまが外部の予約サイトから予約を入れたら、その情報がすぐにフロントや厨房にも伝わって、部屋の準備や食事の対応がスムーズにできるようになることが大事なんだけど、まずは入り口のフロント業務から小さくスタートできるところがクラウドのメリットだね」

若女将

「入り口のところからスタートさせれば、お客さまがセルフサービスで予約や支払いができるようにするところもメリットがあるわね」

若旦那

「そうだね。帳場（フロント）のスタッフ対応が必要な予約や支払いの対応は相当減るはずだよ。それに、対応が必要なケースでもデータの転記みたいな手作業は削減されるはずだよ」

若女将

「そうすればミスも減るし、手間も省けるわね」

若旦那

「うん、これなら従業員みんなも楽になるはずだ。ミスも少なくなるし、これが実現できれば、この旅館の未来はもっと明るくなると思うんだ」

最終的にまとまった、予約システムと支払いシステムをクラウド上で稼働し、データはマネージドデータベースサービスを利用して一元管理されるという「将来物理モデル」をDFDに表してみましょう。

まず、DFDの主要な要素は次のようになります。

- **顧客**：外部エンティティとして、予約・支払いの手続きを行う
- **クラウド予約システム**：お客さまがアクセスし、予約情報を登録するシステム。クラウド上で稼働する
- **クラウド支払いシステム**：支払いを処理するシステム。決済ゲートウェイサービスを利用することで、クレジットカードや電子決済など、さまざまな支払い方法に対応している。クラウド上で稼働する
- **統合データベース**：予約情報、支払い情報、顧客情報を一元管理するデータベースで、クラウド上のマネージドデータベースサービスを利用する。自動的にスケーリング、バックアップを行うため旅館側で物理的なデータベースサーバーを管理する必要がなくなる
- **旅館スタッフ端末**：クラウド内のアプリケーションインターフェースを通じて統合データベースにアクセスし、予約や支払い、顧客管理などを行う
- **チェックイン／チェックアウト端末**：物理的なフロント業務を減らすため、顧客が自分でチェックインできる端末を導入する。これらの端末は、データベースに保存された予約情報と連携し、顧客がQRコードをかざすだけで簡単にチェックインできるようになる

最終的に、将来物理モデルのDFDは次のようになりました。

第3章

図3.6.3：旅館「蔵人之庄」の将来物理モデルDFD

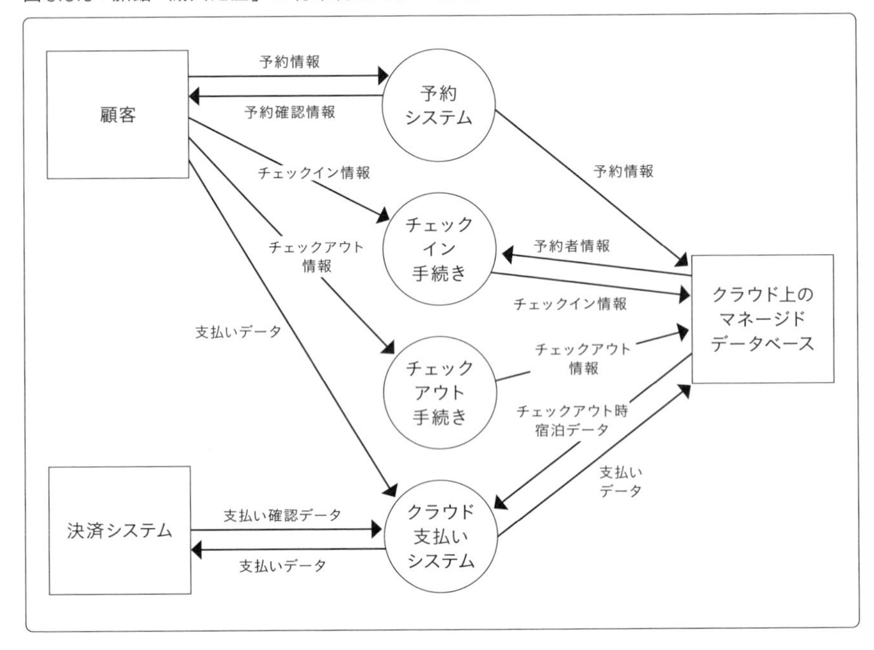

1. **顧客**はクラウド上の**予約システム**にアクセスし、予約データを入力する
2. 予約データはクラウド上の**予約システム**を経由して、データベースに格納する
3. 顧客が支払いを行う際、**クラウド支払いシステム**が処理を行い、支払い情報をデータベースに格納する
4. 旅館スタッフは事務所内のPCやスタッフ専用のタブレット端末から**アプリケーションインターフェース**を介してデータベースにアクセスし、予約情報や支払い情報を確認できる
5. 顧客はチェックイン／チェックアウト端末を使用する
6. **クラウド上のマネージドデータベースサービス**がすべてのデータを一元管理し、自動的にバックアップやスケーリングを行い、システムの可用性を維持する

これにより、業務の効率化、予約と支払いのミスの防止、データのリアルタイム共有が実現する形になります。

07 さらに役立つ情報を追加する～補足情報を付加する～

第3章

システムの「あるべき姿」を検討するには、ここまでのストーリーに登場してきたDFD、データディクショナリ、デシジョン・テーブル以外にもさまざまなことがらについて検討する必要があります。たとえば、エラーメッセージや開始終了のメッセージ、DFDでは通常表現しないコントロール（制御）情報、移行に関する情報、性能要件などです。

再び「蔵人之庄」の会議室。今日は番頭さんと帳場係さんが一緒です。

若女将

「システム導入の検討も進んできて、皆さんのおかげでだいぶ具体的な形が見えてきましたね。でも、システム化した後もいろいろなことに備える必要がありますよね。たとえば、システムが動かなくなったときにどうすればいいのか」

帳場（フロント）係

「そうですね。実際にトラブルが起きたらどう対処すればいいのか、まだ不安があります」

若旦那

「たしかにエラーメッセージが出ても、専門的すぎて何をしたらいいかわかりませんよね。システム導入後は、そういったトラブルの対処方法も考えておかないと」

番頭

「それと、新しいシステムに移行するとき、これまでのデータがちゃんと引き継がれるのかも心配です。とくに常連さんの情報は絶対に失いたくないですから」

若女将

「そうですね。エラーメッセージやデータ移行の手順、普段は見えないけれど大事な情報をしっかり整理しておかないといけませんね。それに、予約が急増する繁忙期にシステムが遅くなったりしたら困りますし、性能面でも安心して使えるようにしておかないと」

帳場（フロント）係

「なるほど。システムって、ただ入れるだけじゃなくて、使う私たちが安心して運用できるように、細かい部分まで考えておかないといけないんですね」

若旦那

「ええ。そのためにはエラーメッセージや制御フロー、データ移行のプロセスなんかをしっかり整備しておく必要があります。僕たちで使いやすいように情報をまとめていきましょう」

若女将

「そういう意味ではDFDで描いたプロセスの裏側にある部分も、しっかりとカバーしていくことが重要ですね。皆さん、これから一緒にその部分も詰めていきましょう」

DFD（データフローダイアグラム）は、データの流れと処理に焦点を当てた非常に有用なツールですが、現代のシステム設計ではDFDだけでは表現しきれない部分も多く存在します。とくにユーザーが理解しやすいシステムを構築するためには、次のような点を考慮することが重要です。

1. エラーメッセージとユーザー通知

- **ユーザーフレンドリーなエラーメッセージ**：エラーメッセージは技術的な詳細ではなく、ユーザーが問題を理解し、次にとるべき行動を明確にする内容にする。たとえば、「予約に失敗しました」ではなく、「部屋の空き状況が変更されたため、再度予約を行ってください」といった具体的でアクションを促すメッセージにする
- **コンテキストに応じた通知**：エラーメッセージだけでなく、操作が成功した場合や処理が完了した場合の通知も考慮する。ユーザーがシステムの状態を常に把握できるようにする

2. 開始・終了に関する情報

- **プロセスの開始・終了メッセージ**：バックエンドの処理に時間がかかる場合は、処理の開始と終了に関する情報をユーザーに提供する。たとえば、予約処理中には「処理中です。お待ちください」と表示し、完了後には「予約が完了しました」と通知する
- **進行状況の表示**：長時間かかる処理については、進捗バーやステップごとの状況を表示し、ユーザーが処理の進行状況を理解できるようにする

3. コントロール（制御）情報

- **ユーザー入力のガイド**：DFDで通常表現しない制御情報として、ユーザーの入力制御を考慮する。たとえば、入力フォームではリアルタイムでのバリデーションを行い、エラーを防止する。また、入力の制約（必須項目、入力フォーマットなど）を事前に明示する
- **ユーザーの選択肢の制限**：予約や支払いに関する操作では、選択可能なオプションだけを表示し、無効な選択を防止する。これにより、システムの使用を直感的で安全なものにする

4. 移行に関する情報

- **データ移行の計画と通知**：既存システムから新システムへの移行時には、ユーザーに対して移行の計画と影響を通知する。たとえば、移行期間中にサービスが一時的に利用できない場合は、その期間と理由をユーザーに事前に通知する
- **移行フェーズのトラッキング**：データ移行の進捗状況や完了時の通知など、移行プロセスがユーザーに影響を与える場合には、その情報を提供する

5. 性能要件

- **レスポンスタイムとスループットの目標**：ユーザーがシステムをスムーズに使用できるよう、重要な操作（予約確認、支払い処理など）のレスポンスタイムを明確に設定し、それをユーザーに知らせる
- **負荷状況の通知**：システムが高負荷状態にある場合（例：予約が集中する時間帯）には、ユーザーにその状況を通知する。「現在アクセスが集中しています。処理に時間がかかる場合があります」などと表示し、ユーザーの期待値を調整する

6. ユーザーへのガイダンスとサポート

- **インラインヘルプとツールチップ**：システム内の操作について、ユーザーが迷わないようにインラインヘルプやツールチップを提供する。とくに複雑な入力項目や処理については、すぐに理解できる情報を提供する
- **FAQとサポート連絡先**：ユーザーがよく遭遇する問題に対するFAQやサポートへの連絡方法をシステム内に明示する。これにより、問題発生時にユーザーが自己解決できるようになる

7. セキュリティとプライバシー情報

- **データの取り扱いに関する通知**：ユーザーの個人情報をどのように取り扱うか、どのように保護するかについての情報を明示する。予約システムであれば、入力された情報が安全に処理されることを説明する
- **認証とアクセス制御**：予約の確認や支払いなど、重要な操作には認証プロセスを導入し、ユーザーが自身の情報を保護できるようにする

これらの点を考慮することで、DFDでは表現しない制御情報やユーザー視点でのシステム設計が可能となり、ユーザーがシステムを直感的かつ安心して利用できるようになります。

08 要求のモデルから設計してみる

前節までの旅館「蔵人之庄」のストーリーでは、将来論理モデル、将来物理モデルの作成において、製品・サービスの選択についてはベンダーや製品を特定しない形で「どんな方式で実装するか」について説明してきました。この節では、製品・サービスを選択する際のポイントについて、もう少し掘り下げてみたいと思います。

どんな方法で作るかを決める

DFDは、とくにビジネスプロセスの初期段階でシステムを俯瞰(ふかん)するためのツールとして依然有効です。しかし、その後の詳細な設計や実装には、いまの技術に合わせた方法やツールとの連携が重要です。ここでは、新システムにおいて「何で実装するのか（製品・サービス・言語）」の選定をはじめに、製品に依存しないレベルでの「方式」を決めてからそれに適した製品・サービスを選定するという流れで説明します。いまの時代に合ったツールの選択、トム・デマルコの著書『構造化分析とシステム仕様』でDFDが紹介された時代には存在しなかったものも含めてDFDから発展させてシステムを実装するためにどのような選択がよいのかを考えます。

この段階では、システムの要件やリソースを踏まえ、最適な製品、サービス、プログラミング言語などを選定します。選定時に考慮すべき点として、次の内容を含めるとよいでしょう。

ビジネスの規模、業種、業態による選択

システムの実装方法を決定する際には、ビジネスの規模、業種、業態に応じて適切な選択を行うことが重要です。たとえば、中小企業であれば、初期投資を抑えつつ柔軟な運用が可能なクラウドベースのソリューションが適しているかもしれません。一方、大規模な組織や特定の業界では、オンプレミスのシステムが必要となるケースもあります。

また、業種や業態によって求められる機能や性能も異なります。たとえば、製造業ではリアルタイムの在庫管理や製造スケジュールの調整が求められるため、高いパフォーマンスと安定性が必要です。一方、サービス業では顧客データの管理やオンライン予約システムの導入が優先される場合があります。

技術スタックの選択

技術選択においては、プログラミング言語やフレームワーク、データベースの種類など、システム全体の設計に影響を与える要素を慎重に検討します。たとえば、ウェブアプリケーションの場合、開発の迅速性やメンテナンス性を重視するならば、JavaScriptベースのフレームワーク（React、Vue.jsなど）やクラウドベースのデータベースを選択することが考えられます。また、高いセキュリティや信頼性が必要な場合には、堅牢なプログラミング言語（Java、C#など）やオンプレミスのデータベースを採用することも検討します。

さらに、ビジネスの成長性や拡張性を考慮し、スケーラビリティや将来的なメンテナンスのたやすさも視野に入れます。長期的な視点でシステムの持続可能性（サステナビリティ）を念頭に置いておくことが重要です。

ベンダーロックインの回避

特定のサービスプロバイダーや商用ソフトウェアに依存する場合、将来的な移行が困難になる可能性があります。そのため、オープンソースのツールやベンダーロックインのリスクを低減する戦略を検討します。

具体的な設計を進める

論理モデルから物理モデルへと遷移していく過程で、DFD内の各プロセスは開発者がプログラムを作成するための指針となるドキュメント（＝設計書）に落とし込まれます。設計書にはプログラムの構造、入出力されるデータ、画面のレイアウト、入力値の有効性チェック、エラー処理、プログラムで使用するデータベースのテーブル構造などが含まれます。データベースのテーブル構造については、次の節で説明します。次のポイントを検討しながら進めていきます。

アーキテクチャ設計

システム全体の構成を決定します。たとえば、マイクロサービスアーキテクチャを採用する場合、システムは複数の独立したサービスに分割され、各サービスが特定のビジネス機能を担当します。これにより、システム全体のスケーラビリティと柔軟性が向上します。一方、モノリシックなアーキテクチャでは一枚岩という名前のとおり、システム全体が1つの大きなアプリケーションとして構築されます。モノリシックアーキテクチャは開発がシンプルで一貫性がありますが、柔軟性に欠けるという欠点もあります。

インターフェース設計

各モジュール間のインターフェースを定義します。システム内の異なるモジュールや外部システムとのデータ交換がどのように行われるかを詳細に設計します。たとえば、販売管理システムと在庫管理システムが連携する場合、どのようなデータがやりとりされるか、そのデータがどの形式で送受信されるか、プロトコルをどのように選択するかを決めます。インターフェース設計はシステム間の連携と拡張性に影響するため、慎重な設計が必要です。

機能設計

各モジュールの具体的な機能を詳細化します。たとえば、「予約管理モジュール」では、フロントエンド側ではユーザーが予約を登録する際の入力フォームの設計、データの有効値チェック、予約情報の保存方法、エラーメッセージの表示などを詳細に記述します。UI / UX設計も含まれ、ユーザーがシステムをどのように操作するか、操作性や視認性を向上させるためのデザインを行います。一方、バックエンド側では予約データのデータベースへの登録や更新、キャンセル（ロールバック）時のデータ整合性の維持など、実装の詳細を検討します。エラーハンドリングや例外処理の設計も重要です。

セキュリティ設計

システム全体のセキュリティ要件を満たすための設計を行います。外部システムとの通信がある場合は、データの暗号化やSSL / TLSによる安全な通信を確保します。また、ユーザー認証やアクセス制御の仕組みを設計し、システム内の機密情報や個人情報へのアクセスを制限します。たとえば、顧客の個人情報やクレジットカード情報を扱う場合、それらの情報を暗号化し、不正アクセスから保護するためのセキュリティポリシーを策定します。また、ユーザーの役割に応じて権限を設定し、データの閲覧や操作を制限する必要があります。これらは信頼性やデータの保護に直結するため十分な検討が求められます。

データの整理と保存方法を考えよう ～データモデリングとDBスキーマ設計～

データモデルから物理データベース設計に移行する際には、データの保存方法やアクセス性を考慮しながら具体的なテーブル設計やファイル仕様を作成します。次のポイントを順に検討します。

データベース設計

まずはER図を基にテーブル設計を行います。たとえば、予約管理システムでは顧客テーブル、予約テーブル、部屋テーブルなどを設計し、それぞれのテーブルにどのようなデータを格納するのかを定義します。各テーブルのカラムを設定し、データ型（文字列、数値、日付など）や制約（主キー、外部キー、一意性制約など）を適切に設定します。たとえば、予約テーブルでは予約IDを主キーに設定し、顧客テーブルや客室テーブルと関連づけるための外部キーを設けることで、データの一貫性と参照整合性を維持します。データベース設計は、データの正規化と冗長性のバランスを考慮しながら行うことが重要です。

インデックス設計

データベースのパフォーマンスを最適化するために、インデックスを設計します。とくに、検索頻度の高いカラムに対して適切にインデックスを設定することで、クエリの実行速度を向上させることができます。たとえば、予約テーブルで予約日や部屋番号での検索が頻繁に行われる場合、それらのカラムにインデックスを設定すると検索が高速化されます。ただし、インデックスは増やしすぎても、データの挿入や更新時にオーバーヘッドが生じるため、どのカラムにインデックスを設定するか、どのような種類のインデックス（単一カラム、複合インデックス）を使うかを慎重に検討します。

データ移行計画

新システムへの移行時には、既存のデータをどのように移行するかを計画します。たとえば、本章で取り上げた旅館の場合には紙の台帳からデジタルデータへの移行が必要になるかもしれません。旧システムがコンピュータ上で稼働しているならば、新システムへのデータ移行では、既存のデータフォーマットを新しいデータベースに合わせて変換する必要があります。データのマッピング、クレンジング、不整合の解消、移行ツールの選定、移行テストなど、移行計画の詳細を明確にします。

さて、本章の主人公の二人、「蔵人之庄」の若女将と若旦那のところはどんな選択になったか、ちょっとのぞいてみましょう。

「旅館の新システムをクラウドベースで整備する件だけど、どんな製品やサービスを選択するかだね？」

「うん、私もそれを考えていたよ。いまはAWSのサービスがよく使われているわよね？」

「さすが！　話が早い。たとえば、AWSのRDSはどう？　自動バックアップやスケーリング、セキュリティの観点からも業務に安心して使えそうだし」

「MySQLやPostgreSQLなどデータベースエンジンの選択肢が複数あるのもいいよね。それ以外に予約システムのインターフェースも考えなきゃね。とくに外国のお客さま用の多言語対応とか」

「そこも大事なポイントだね。フロントエンドにはReactやVue.jsといったフレームワークを使って、利用頻度が高いと予想される英語、中国語、韓国語に対応する多言語インターフェースを作るのがいいかな？」

「うんうん、それなら海外からのお客さまのほとんどはカバーできそうね。じゃあ、次は支払いシステムね。やっぱりクレジットカードやQRコード決済は必要だね」

「そうだね。支払いシステムには、StripeやPayPalを統合して複数の支払い手段をサポートできるようにするのはどう？」

「クレジットカード情報を直接扱わずに済むように、決済ゲートウェイのトークン化も検討しましょう」

「そうだね。まずはこれらを中心にシステムの基盤を整えて、徐々にほかのプロセスもクラウドに移行していこう。将来的にはAIも活用して蓄積したデータで新しいプランの提案なんかもできるかも」

「それ、夢が広がるわね。計画を具体的に詰めて、プロジェクトをスタートしましょう！」

09 第3章のまとめ

第3章では架空のカフェや旅館を舞台に、業務の現状把握や改善検討の過程でDFDを活用する方法を紹介しました。業務フローの見直しを進める中で、データの流れを可視化することが、関係する人たちの理解を深め、業務改善のスタートになることを見てきました。

DFDの魅力は、そのシンプルさとわかりやすさにあります。複雑に見える業務でもデータのやり取りに注目することで、整理しやすくなります。また、技術に詳しくない人でも直感的に理解できるため、現場における円滑なコミュニケーションにも役立ちます。

読者のみなさんも、ぜひDFDを使った表現にトライしてみてください。現在の業務の流れを整理したいとき、新しい仕組みを考えるとき、あるいはチーム内で共通認識を持ちたいとき、DFDはきっと強力なツールになるはずです。まずは、身近な業務やプロセスをDFDで描いてみることから始めてみてはいかがでしょうか。

第4章 DFDでの表現事例

業務フローをDFDで可視化し、問題を洗い出そう

01 PCメーカーの基幹システムをDFDで表現する

プロローグ

BTO[※1]パソコンをビジネスの核とする「AC / PC社（Advanced Computers for Phat Creators)」は近年急成長を遂げているベンチャー企業です。そのAC / PC社を率いる社長は、まるで海外のロック・ミュージシャンのような風貌で従業員からは親しみをこめて「アンガス」と呼ばれています。

社長自らSNSや動画配信サイトを活用しての宣伝活動は、AC / PC社とそのプロダクツの認知度を高めることに貢献しました。また、多彩で柔軟なカスタマイズは音楽・映像作品のクリエーターやゲーマーといった先進的なユーザー層からの熱狂的な支持を得てビジネスを拡大してきました。

しかしビジネスの急激な拡大にともなって、見積もりから受注、パーツの在庫管理、製造、出荷、カスタマーサポートまでの各プロセスで情報の断絶が生じ、社内の連携が追いつかなくなっていました。

とくに在庫不足や過剰在庫、納期遅延などの問題が顕在化してきました。これにより、ネットなどでもAC / PC社に対するネガティブな投稿や先行きを不安視するような書き込みが見られるようになりました。

※1 「Build To Order」の略で受注生産を意味する。BTOパソコンはCPUやメモリ、ストレージなどのパーツを指定して自分好みにカスタマイズすることができる。

1. 現状の問題を洗い出す（現状物理モデルの作成）

AC / PC社の創業者であるアンガスは、チームを集めてこの問題に立ち向かうことを決意しました。彼らはまず、現状の業務プロセスをDFD（データフローダイアグラム）で可視化してボトルネックを明確にするところから着手しました。

業務フローの問題と改善の議論

「みんな、集まってくれてありがとう。ビジネスが急成長しているのはうれしいことだが、その分在庫管理や納期遅延に関する問題が目立ってきた。このままだと会社の評判に悪影響が出る可能性がある。今日は業務フロー全体を見直し、どこに問題があるのか徹底的に洗い出そうと思う」

「受注が入るたびにカスタマイズにも対応していますが、その情報がパーツの仕入れと在庫管理を担当している購買部まで届くのに時間がかかることがあるんです。結果的にパーツの在庫確認や発注が遅れることがあり、納期に影響が出てしまいます」

「その影響で製造ラインが止まることは何度かありました。営業から購買への情報の伝達に遅れがあると製造にも支障をきたします」

「なるほど、各部門間の情報共有がうまくいっていないようだな。サポートではどんな課題がある？」

「顧客から問い合わせがあったときに、その顧客が購入したPCの詳細を確認するのに手間がかかります。同じ製品でも出荷時期によっては規格が同じでも異なるパーツを使っていることもあります。パーツの受発注や在庫管理で使うSKU ※2 レベルで製品を管理していればスムーズに対応できるんですが、いまは確認に時間がかかっています」

※2　SKU：Stock Keeping Unit：受発注や在庫管理において最小の管理単位を表す物流用語。物語の舞台となるAC / PC社ではCPU、メモリ、ストレージなどのパーツ単位で在庫を管理している。

アンガス

「SKUレベルの管理か。それができればパーツやソフトウェアの詳細もすぐに確認できて、サポート対応が効率化できるな。じゃあ財務部長、財務の観点からはどう見てる？」

財務部長

「パーツ管理の効率化は財務でも重要です。同じ規格で性能が同じかそれ以上なら、より安価なパーツを使ってコスト削減や価格を下げるというアイデアはいいと思います。ただ、それには在庫のリアルタイム管理が必要です。いまのシステムだと必要な情報が一元化されておらず、適切なタイミングで参照できないです」

アンガス

「そのとおりだね。情報が断片化しているのが一番の問題だな。そこで、営業から仕入れ、製造、サポート、財務まで、一貫した情報共有ができるシステムを構築する必要がある。まずは現状のフローをDFDで可視化して、どこがボトルネックになっているかを明確にしよう」

サポート部長

「SKUレベルの管理とリアルタイムでのデータ共有ができれば、全体の業務がスムーズになるはずです」

アンガス

「そうだな。受注から製品サポート、そして在庫管理や財務管理まで全体を見直して、業務フローを統合できるシステムを作るために次のステップに進もう。まずは各部門でどのように情報が伝わっているのか現状の物理モデルを作成してDFDを描いてみよう」

現状物理モデルの作成（ボトルネックの明確化）

チームのメンバーがAC / PC社の現在の業務プロセスを表した現状物理DFDの作成に取り掛かりました。その概要を次図に示します。ここでは、各部門の役割やそれぞれのシステム間でのデータフローを詳細に描くことを目的としています。

まず、AC / PC社の業務プロセスを1つの大きなかたまりとして捉えると、それを取り囲む主要なエンティティとして社内には営業部、購買部、製造部、サポート部、財務部が存在します。そして、もちろん社外の重要なエンティティとして顧客が存在しており、パーツの供給元であるサプライヤーがあります。これをコンテキストダイアグラムで表すと図のようになります。

図4.1.1：AC / PC社業務プロセスのコンテキストダイアグラム

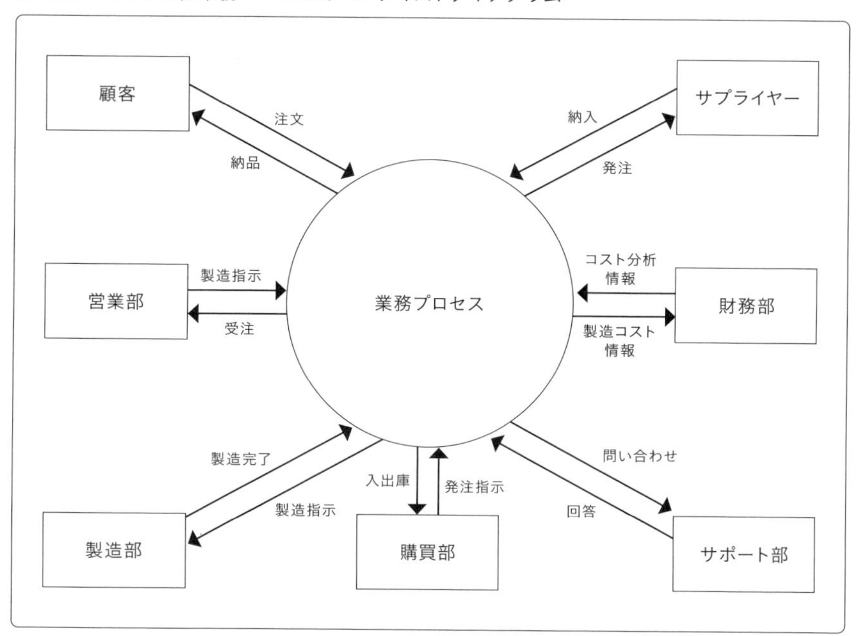

次に、社内におけるそれぞれの部門が担当している業務について述べます。営業部は顧客からの受注を管理し受注情報を購買部、製造部へ送信します。購買部では必要なパーツの在庫を確認し、在庫がない場合は発注を行います。また、購買部は在庫管理システムとの連携も担当しています。製造部は必要なパーツがそろい次第、PCの製造を行いその進捗状況を営業部やサポート部門に報告します。サポート部では顧客からの問い合わせ対応を行い、製品仕様やこれまでの問い合わせ対応で蓄積されたナレッジに基づいたサポートを提供しています。そして財務部は、パーツのコスト管理や在庫の回転率をモニタリングする役割を担っています。

顧客がPCを注文するところから各部門がどのように関わっているのか、さらに詳しく表した現状物理モデルのデータフローは次のとおりです。

図4.1.2：現状物理モデルのDFD

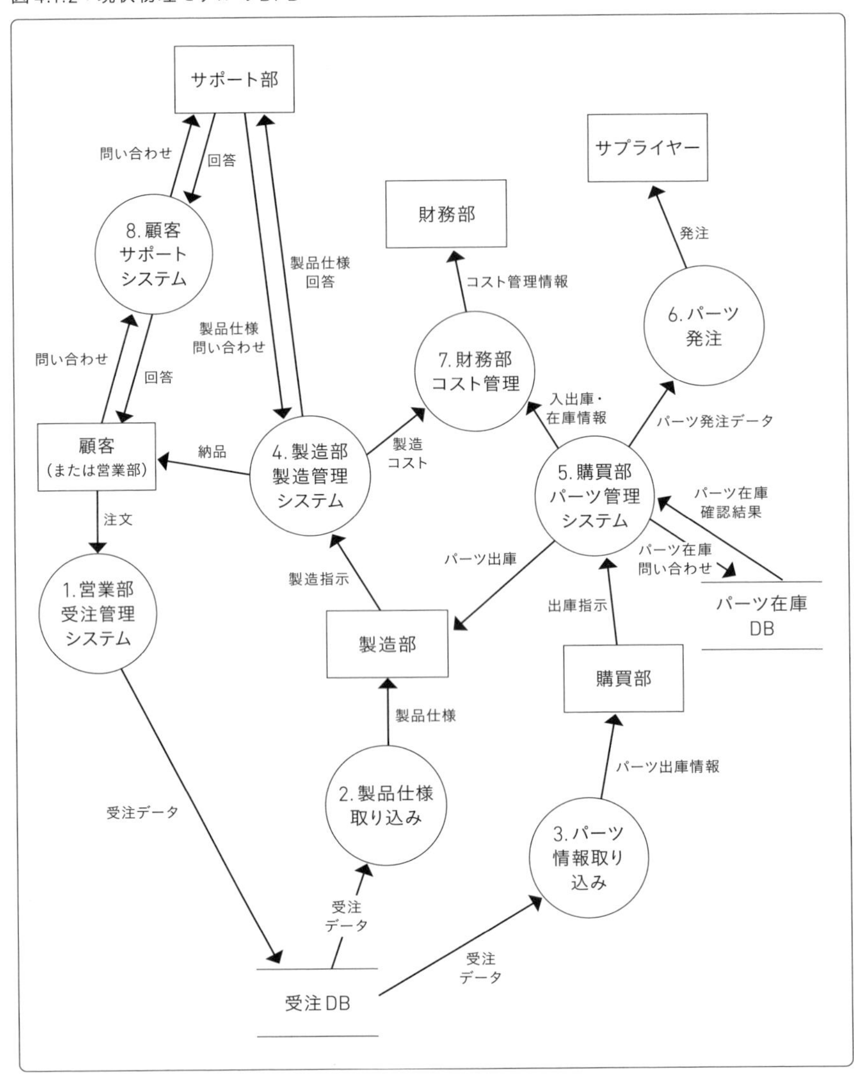

顧客がPCを注文すると、営業部は受注管理システムを使ってその注文を管理します。注文データは顧客自身がオンラインストアで入力する場合と、営業部のオペレーターが顧客と電話やチャットで会話しながらカスタマイズ内容を決めて入力する場合の2通りがあります。いずれも同じ受注管理システムに登録されます。営業部の受注管理システムはAC / PC社の創業後まもない時期に導入されたものがベースになっており、当初はオペレーターが電話やFAXで受け付けた注文内容を入力する方法のみでした。その後オンラインストアがオープンして顧客自身が注文データを入力できるようになりましたが、基本的には導入当初からのデータ構造を踏襲しています。そのため、製造部や購買部といった他部門とのデータの連携は受注データベースからいったん外部ファイルへの出力を経て、それぞれのシステムへの取り込みが行われています。

たとえば、製造部とのやりとりでは営業部の受注データベースで管理するオーダー情報に基づき、CPUやメモリ、ストレージ、その他の周辺機器やバンドルするソフトウェアなどのカスタマイズ情報をCSVファイル[※3]として出力し、製造部のサーバーにバッチ処理で送信します。製造部は受け取ったカスタマイズ情報を自部門の製造管理システムに取り込みます。取り込まれたカスタマイズ情報を基に製造指示データが作成され、担当者が必要なパーツをピックアップして組み立て作業を行います。

※3　AC / PC社ではシステムの連携方式のうち「ファイル連携」と呼ばれる方式が採用されている。それ以外にもデータベースなどのリソースを共有する方式や外部から呼び出すことができるインターフェースを使った連携方式（ウェブサービスもこの一種と捉えることもできる）やメッセージ・キューイングを使った方式などがある。

図4.1.3：営業部と製造部の連携、レベル1DFD

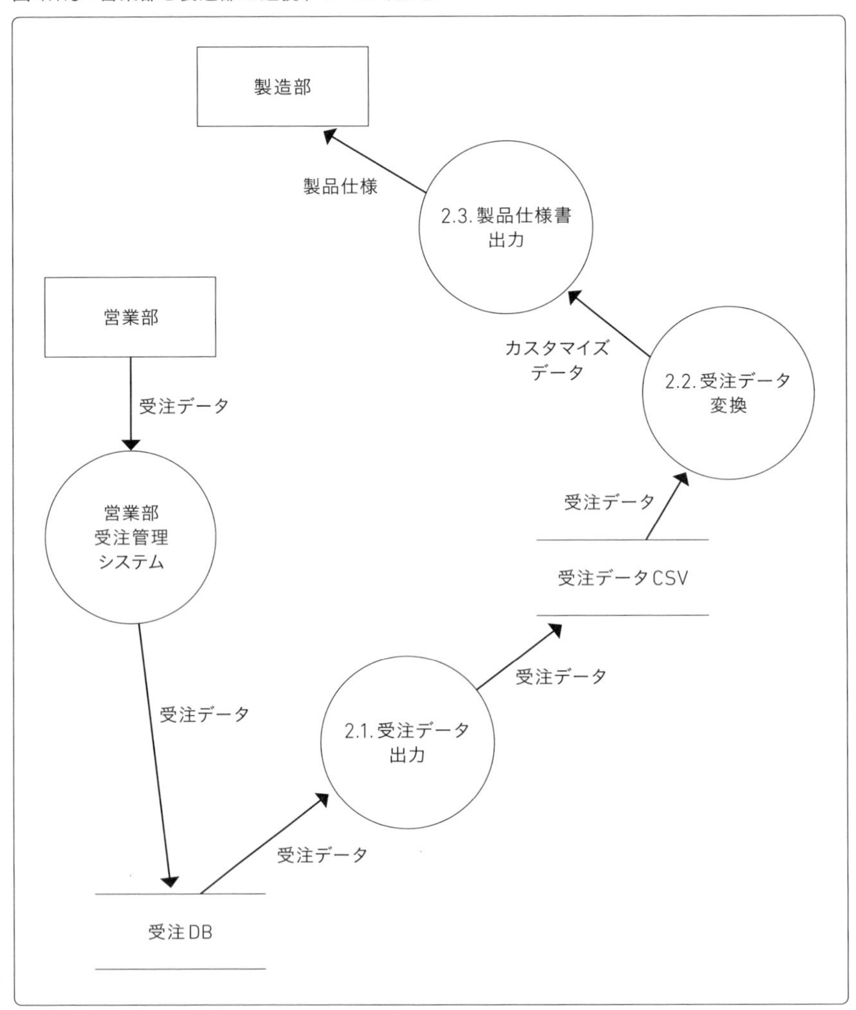

また、営業部からのカスタマイズ情報は同じく購買部にも送信されます。購買部では受信したカスタマイズデータを自部門のパーツ管理システムに取り込むと、その情報を基にパーツの在庫確認と製造部のファクトリーへの出庫処理や必要に応じてサプライヤーへの発注処理を行います。

図4.1.4：営業部と購買部の連携、レベル1DFD

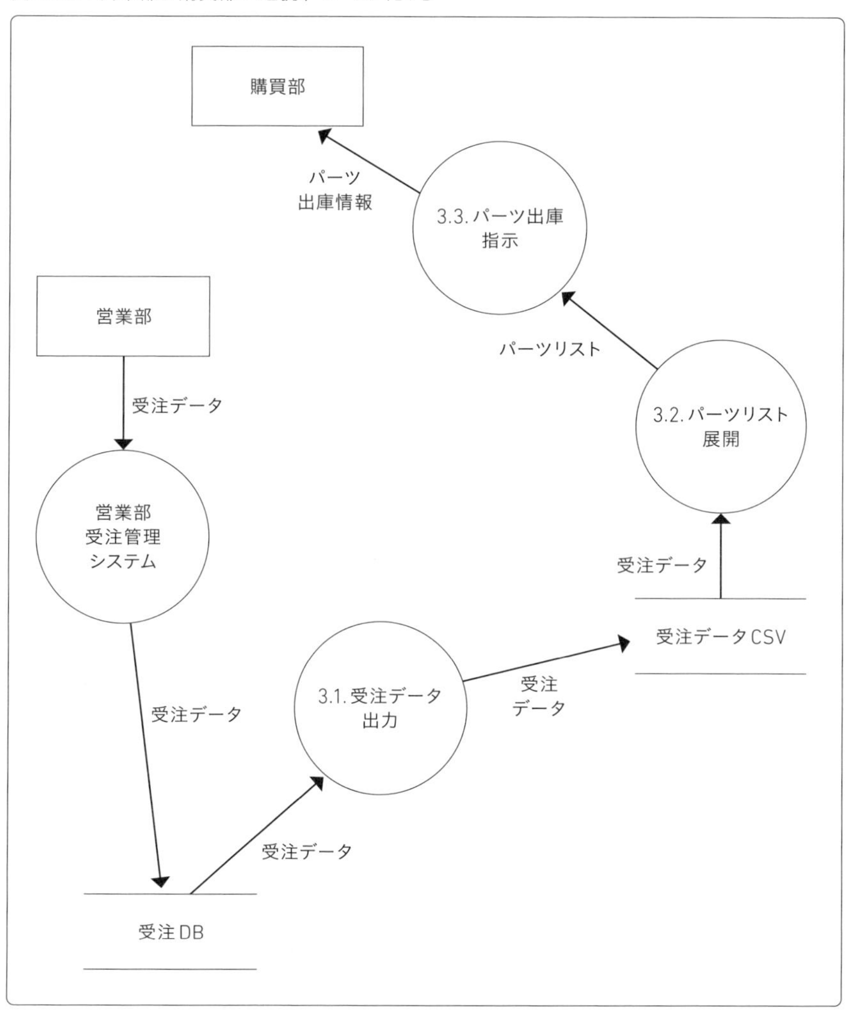

賢明な読者の皆さんはここである問題に気がついたことでしょう。ここで問題となるのは、カスタマイズに必要なパーツの在庫確認や不足しているパーツの発注に必要な情報の連携にタイムラグがあるという点です。この遅れがパーツの調達や製造ラインのスムーズな稼働を妨げる原因となっています。

次にサポート部門に着目してみましょう。サポート部門では顧客からの問い合わせに対して、問題解決のためにパーツやバンドルされているソフトウェアのバージョンなど、受注時の情報を確認しています。たとえば、同じ製品ラインのPCであっても、出荷時期によってはコストダウンやサプライヤー側での世代交代によって同一規格の異なるパーツが採用されることがあり、それらに関係する不具合や相性などの問題解決にあたっては必要な作業となるわけです。

しかし、サポート部門の顧客管理システムでは顧客がオンライン登録やユーザー登録ハガキで処理された、製品レベルの情報しか管理されていません。そのため、顧客が使用しているPCのパーツレベルの詳細な情報の確認に手間がかかっているのが実情です。これは顧客満足度の低下にもつながりますし、なによりサポートの現場担当者への負担が非常に大きいと言えます。

最後に、財務部門に着目します。財務部門ではパーツ管理の効率化を図りたいと以前から考えてはいたものの、現状はそれにはほど遠く、購買部からバッチ処理で連携される入出庫データを基に担当者がBIツール[※4]などを駆使してレポートを作成しています。分析ツールの操作に慣れた担当者はごく限られており、特定のメンバーに作業負荷がかかっているのも問題と考えています。

このように、各部門間のデータ連携やリアルタイムでの情報共有が不足しており、業務全体の効率性に課題があります。

ボトルネックの議論

ここまでの流れを振り返ると、現状のプロセスでの問題として以下の点があげられます。

- **営業部と購買部間の情報伝達の遅延**
- **上記によるパーツの在庫不足や発注タイミングの遅れ**
- **サポート部での必要な製品情報の不足**
- **財務部と製造部間でのコスト情報の連携が手作業で非効率的**

これらのボトルネックは、システムの連携強化やプロセスの自動化によって改善の余地があります。

※4　ビジネスインテリジェンス（Business Intelligence）ツールの略。企業が保有するデータを収集・分析して、経営や業務に活用するためのソフトウェア。

DFDのデータフローでは、たとえば顧客から営業部への注文データの流れや営業部から購買部への受注情報の送信、購買部が在庫管理システムに対して在庫確認リクエストを行い、その結果を受け取るプロセスなどが描かれています。DFDから推測すると、各プロセス間の情報のやりとりがリアルタイムで行われないことが現行システムの課題と言えます。

このように、現状物理モデルはAC / PC社の業務プロセスを整理し、各部門がどのようにデータを扱っているかを示しています。現場での効率化を進めるためには、各部門のシステム間のスムーズな連携やリアルタイムなデータ共有の仕組みが必要です。

ここまでの流れで、まずは社長のアンガスがチームを招集して現状の問題を洗い出しました。そして各部門から業務フローについてヒアリングを行い、情報の流れを把握しました。そこで得られた情報の流れを基に現状物理モデルのDFDを用いて、現状の情報伝達の物理的な流れを可視化しました。

次のステップでは、チームの面々は現状物理モデルを基に「営業部から購買部への情報伝達がタイムリーに行われないことに起因する在庫確認や発注処理の遅れと、それによって引き起こされるサポート部門や財務部門への悪影響」を解決するために情報伝達を改善することで意見がまとまりました。この後は問題を深掘りするために現状の論理モデルを作成して、情報伝達をどのように改善するかを具体的に議論できる段階に進みます。

2. プロセス自体の問題を深掘りする（現状論理モデルの作成）

DFDを分析した結果、情報が部門間でスムーズに共有されておらず各プロセスが孤立していることが判明しました。たとえば、営業部門が受注した情報がパーツ調達を担当する購買部にタイムリーに伝わらず、必要なパーツの在庫確認や発注が遅れることで製造工程が滞るなどの問題がありました。

物理モデルで現状の流れを可視化したことでボトルネックが明確になりました。しかし、これだけでは問題の本質に迫りきれたとは言えません。次は現状の論理モデルを作成し、プロセス自体の問題点を探ってみましょう。

論理モデルの重要性の説明

ここからはアンガスを中心にAC / PC社の面々が現状論理モデルの作成に着手します。現状物理モデルでは現行の業務プロセスが実際にはどのように実行されているかを視覚化します。

たとえば、営業部から購買部へのデータがCSV形式でバッチ処理によって送信されているなど、ありのままの姿を反映したものになります。

一方、現状論理モデルは「データや情報がどう流れているか」を整理したもので、ファイル形式や転送プログラムなどの物理的な操作を抽象化し、システムとしての情報の流れに着目します。ここでは具体的な物理的手段は考慮せず、システムが機能として何を行っているかに焦点を当てます。

アンガス

「物理モデルで情報伝達の流れを可視化した結果、営業から購買部への情報伝達が滞っていることがわかった。問題の本質に迫るには、次は論理モデルを作成してプロセス全体の意図や目的を確認する必要がある。各部門の業務がどう関連しているか、どこに無駄や重複があるかを見つけ出すことが大切だ」

サポート部長

「サポート部門では顧客からの問い合わせやパーツの不具合に関する情報が受注時のカスタマイズに影響を与えることがあるので、どのように対応すべきかを明確にしておきたいです」

「財務の視点から言うと、パーツの発注状況や在庫管理がタイムリーに反映されないと予算編成やコスト管理に支障が出ますね。論理モデルでその部分も可視化したいです」

「営業部では受注があった際、どんな意図で購買部に情報を伝達しているのかな？」

「受注内容に基づいて在庫確認を行い、必要なパーツを発注するためです。ただ、情報が正確でないと仕入れが遅れることがあります」

「サポート部では顧客からの問い合わせに関連してカスタマイズ時の構成情報を製造部門に問い合わせたりしているのですが、時折その回答が遅れてしまい、顧客対応が滞ることがあります。改善すべきですね」

現状論理モデルの作成

チームとの会話でアンガスが「プロセス全体の意図や目的」という点を強調していたのは、現状物理モデルから現状論理モデルへの移行にあたって「システムが機能として何を行っているかに焦点を当てる」ということにほかなりません。

はじめに各部門の意図と目的を確認します。次に、たとえばファイルのフォーマットのような物理的な要素を取り除いたうえで、どのようなデータ（情報）が流れているのかを整理します。そして、営業から仕入れ（購買）、製造、サポート、そして財務部門に至るまでの情報の流れを、DFDを使って論理モデルとして描き出します。そこで、無駄な手順や重複がないかを見つけ出すのがこの作業における目的です。

チームでのヒアリングの内容から次のことがわかりました。

- **営業部から購買部への情報伝達が停滞している**
- **サポート部からクレーム、不具合に関する情報が営業部、製造部、購買部へ迅速に共有されない**
- **財務部でリアルタイムに仕入れと在庫の情報が確認できない**

図4.1.5：現状論理モデルのDFD

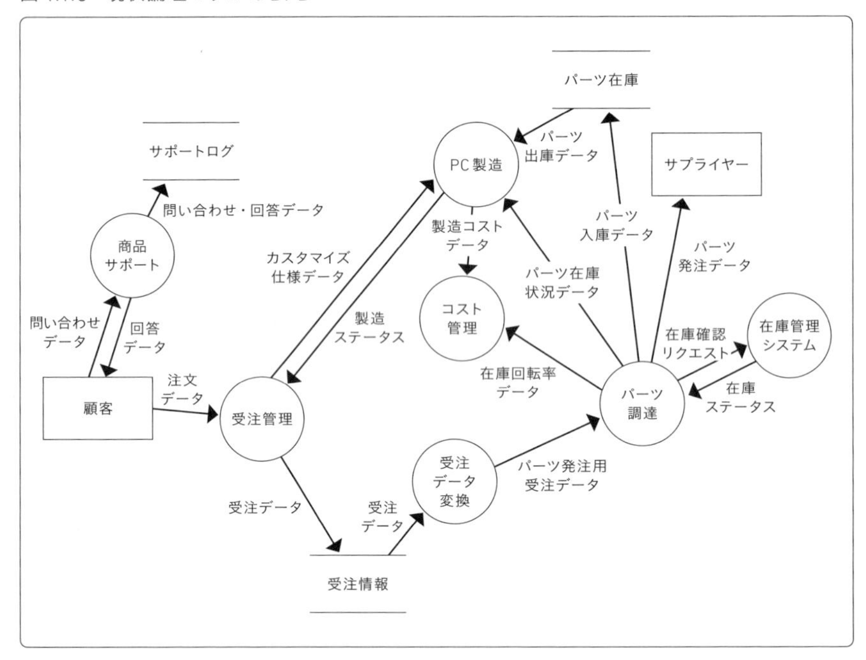

上記のDFDは、AC / PC社の現行業務プロセスの論理的側面に焦点を当てた現状論理モデルです。このモデルは、業務のロジックやデータフローに注目し物理的な構造や具体的なシステムを省略して、業務の流れやデータのやりとりを視覚化することを目的としています。以下に、この図に基づいた説明を行います。

まず、現状論理モデルでは物理構造や実際のシステムを排除し、データフローに集中しています。これにより各部門がどのデータを処理し、どのプロセスがどのような入力や出力を生み出しているかが純粋な業務ロジックとして示されています。たとえば、営業部門がどのように受注データを処理し、それがどのプロセスを通じて次の部門に伝達されるのかという流れが描かれています。物理的なシステムや担当者を意識せずデータの流れ自体に集中することで、業務の効率性を評価しやすくなっています。

次に、このモデルではプロセス内でデータがどのように変換されているか、そしてそのデータがどのように次のプロセスに渡されているかが可視化されています。たとえば、営業部門は顧客から「注文データ」を受け取ります。次に営業部門から製造部門にデータが送られる際にはメモリやストレージ、キーボードの種別、プリインストール・ソフトウェアなどの情報を網羅した「カスタマイズ仕様データ」に変換されます。これにより、データがどのプロセスでどのように扱われているのか（＝プロセスがどのような意図、目的でデータを扱っているのか）が具体的に理解できます。

また、業務の中でのルールやロジックが強調されています。たとえば、カスタマイズに必要なパーツが欠品している場合に実行されるパーツ調達のプロセスのように、どのプロセスが特定の条件下で動作するのか、データがどのように判断されて次のフローに進むのかが描写されています。これにより業務の中で用いられている判断基準やビジネスロジックが明確になり、業務の意思決定がどのように行われているかを把握することができます。

最後に、このモデルは業務間のデータフローを透明化しています。データがどのように流れ、どの情報がどのプロセスに影響を与えているかが正確に描写されており、曖昧な部分がなくなっています。これにより業務プロセスの非効率な部分や、改善が必要な領域を特定することが容易になり、今後の業務改善のための具体的な指針を得ることができます。

描きあがった現状論理モデルを見てみると営業部の受注情報を起点にしたパーツに関わる情報のやりとりが複雑になっています。また、サポート部でサポートログに蓄積されている顧客からの問い合わせやクレームに関する情報を共有する仕組みが確立されていません。

このステップでは各部門との会話を通じて業務プロセスの間でデータや情報がどのようにやりとりされているのか、その本質的な意図や目的を整理し、論理的なデータフローを把握し、DFDを用いて可視化しました。そして情報伝達の問題や無駄なプロセスを洗い出し、部門間の連携を強化する意思を固めます。チームのメンバーは現状論理モデルを描くことで、部門間での情報共有の遅れこそがAC / PC社における問題の原因であるという認識を共通化できました。そして、次に新しい「あるべき姿」の論理モデルを構築して業務プロセスの改善に進みます。

3. システムの「あるべき姿」を考える（将来論理モデルの作成）

アンガスたちは、現状論理モデルで明らかになったボトルネックを解消して業務プロセスの「あるべき姿」を導き出すために、システムの統合とプロセスの再設計を行うことにしました。

将来論理モデルの議論

「OK、みんな！　ボトルネックは見つかった。問題は営業から購買への情報がタイムリーに伝わっていないことだ。これが原因で在庫不足や遅延が発生している。さて、どうやってこれを解決する？」

「営業部門が受注を入れたら、その情報がリアルタイムで購買部や製造部門に伝わるようにしないと。現状は手作業が多く時間がかかるし、ミスも発生しやすいです」

「顧客からの変更依頼や問い合わせも同様ですね。営業部門との情報共有が遅れると顧客対応が滞ってしまいます。リアルタイムで情報を共有できれば、顧客の要望にもっと迅速に対応できます」

「つまり、情報を一元管理する仕組みが必要ってことか。統合データベースを導入して営業から出荷、サポート対応、さらには財務までのプロセスを1つの流れにする」

「統合データベースか……。それで受注が入ったらすぐに在庫状況が確認できて、在庫が足りない場合は自動で発注がかかるってこと？」

「そのとおりですね。自動発注システムが導入されれば仕入れタイミングのずれが減り、コスト管理がもっと正確になります。リアルタイムでの在庫状況が把握できれば、予算編成やキャッシュフロー管理が簡単になります」

「そう、それが理想ですね。それに在庫が一定の水準を下回ったら自動的に仕入れ担当者に通知がいくように設定することもできます。これで常に最適な在庫レベルを維持できます」

チーム内での議論によって、データを一元管理し部門間でのスムーズな情報共有を実現する仕組み、すなわち「統合データベースの構築」という案が出てきました。しかし、ただ情報を集めるだけでは意味がありません。重要なのはそれをどう使うか、つまりデータをリアルタイムで共有して各部門が迅速に意思決定できるプロセスが必要になります。

たとえば営業部門による受注データの登録後、すぐさまその情報が製造ラインに伝わり必要なパーツのピッキング・リストを作成したり、在庫数が発注点を下回ったパーツがあればすぐにサプライヤーへの発注データを作成したりする。このようなプロセスを確立することで作業の遅延を削減し、余分な在庫を抱えるリスクを削減することが期待できます。さらに顧客からの問い合わせやクレームに関するデータも営業部門にとどまらず、製造部門や購買部にも自動的に伝わる仕組みがあれば製品改良のための仕様変更などの対応もスムーズに行うことができるでしょう。データをリアルタイムで共有できるシステムの導入によってプロセスが標準化されて誰が何をするのかが明確になれば、無駄なやりとりや手戻りを削減することができます。

最終的には以下の方針がまとまりました。ここでのポイントはシステムが受注から出荷、サポート対応、さらに財務管理までのプロセスを一つの大きなプロセスとして管理することです。そして、統合データベースでそれらの情報を支えることで各部門はリアルタイムで情報を共有し、在庫状況や製造スケジュール、顧客対応を即座に把握できるようにするのが狙いです。

- **統合データベースの導入：**受注から出荷、サポート対応、財務管理までの情報を一元化することで各部門が共通のプラットフォーム上で作業できるようにする。これにより営業部門が受注した際に自動的に在庫状況が更新され、購買部が迅速に対応できる仕組みが構築される
- **リアルタイム情報共有：**各部門が同じデータにアクセスできる環境を作ることで情報のずれを防ぎ、リアルタイムでの意思決定が可能になる。営業、サポート、仕入れ、製造、財務の各部門が最新の情報に基づいて、迅速な対応ができるようになる
- **自動化の推進：**一定の在庫水準を下回った場合に、購買部に通知が自動的に届くことで指定のサプライヤーに対する発注も自動的にかかるようにする。これにより、各プロセスの自動化を促進する。顧客からの変更依頼が発生した場合

も各部門に自動通知され、スムーズに対応できるようになる

- **プロセスの標準化**：各プロセスの役割とフローを明確にし、情報伝達がスムーズになるよう標準化する。手戻りや重複作業を防ぐことで全体の業務効率を向上させる

図 4.1.6：将来論理モデルのDFD

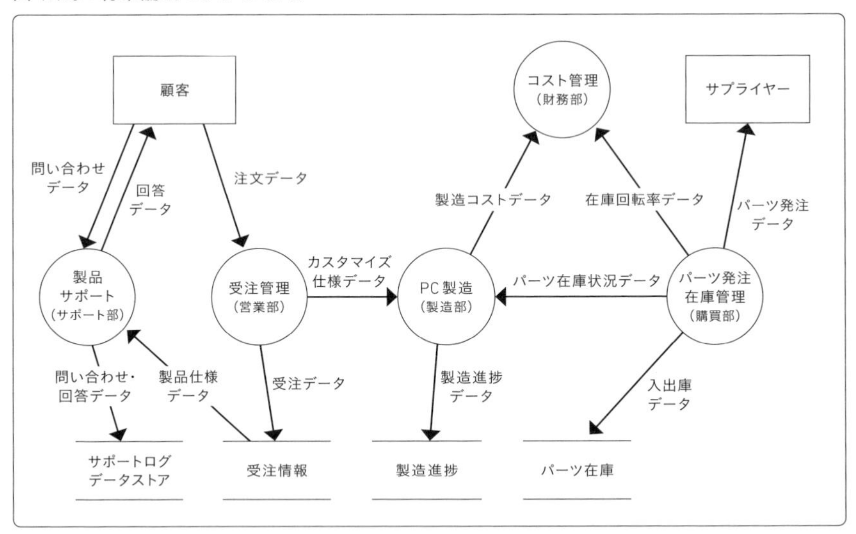

将来のAC / PC社の論理モデルでは物理的な制約や手動のプロセスを排除し、データのやりとりがリアルタイムで効率的に行われることを目指しています。このモデルでは業務フロー全体を合理化し、データ処理と情報伝達の遅延を最小限に抑えることが最大の目標です。

顧客が注文をするとそのデータはすぐに営業部によって受注システムに取り込まれ、他部門と共有されます。この情報はリアルタイムで製造部や購買部に渡され、パーツ在庫や製造スケジュールの確認もリアルタイムで行われます。購買部では在庫が不足している場合はサプライヤーに自動発注が飛び、サプライヤーもリアルタイムでその状況を確認することができます。

また、製造の進捗状況や納期もリアルタイムでシステムに反映され、営業部や顧客が常に最新の情報を確認できるようになります。これにより、各部門間での連絡や進捗報告の遅れが解消され、業務全体がスムーズに進行します。

サポート部門では、顧客の問い合わせに対する対応が迅速に行えるよう、製品の詳細情報や問い合わせ履歴が一元管理されます。SKUレベルでの詳細な製品情報がシステムに統合されているため、サポート担当者は過去のやりとりに基づいて迅速な対応が可能です。

さらに、財務部門ではパーツのコストや在庫回転率のモニタリングが自動化され、各部門に正確なデータを提供することで、予算管理や在庫の最適化が進められます。

この将来モデルによってAC / PC社の全体的な業務プロセスは効率化され、顧客からの注文対応やサポートの迅速化、在庫管理の精度向上の実現が期待されます。

4. どのように実装するかを考える（将来物理モデルの作成）

将来物理モデルでは、将来論理モデルで議論した内容を実際にどのように実装するかに焦点を当てます。システムの選定、インフラの構築、具体的な技術やツールの導入などを検討する流れになります。

将来物理モデルの議論

アンガス

「OK、みんな。これまでで、われわれのビジョンと統合データベースのイメージは共有できたんじゃないかな。次はこの構想を現実のものとするために、具体的にどうやってシステムを構築するかを考えよう」

IT担当

「そうですね。まず、あるべきシステムの要件をもう一度確認しましょう。リアルタイムの情報共有、在庫管理の自動化、製造スケジュールの調整、各部門が同じデータにアクセスできる統合データベース」が必要です

アンガス

「そのとおりだ。だが、実装方法にはいくつかの選択肢がある。たとえば、クラウド上にシステムを構築するか、それともオンプレミスか。クラウドなら、迅速に導入できることとスケーラビリティが魅力だが、データセキュリティの観点から慎重に検討が必要だ」

財務部長

「クラウドベースの導入は初期費用が抑えられるメリットがありますが、長期的な運用コストやデータ管理の規制にも目を向ける必要があります。自社サーバーの場合はカスタマイズ性が高くセキュリティ面で安心感はありますが、運用面ですべてを自社で賄うとコストが増加する可能性もありますね」

営業部長

「インターネットに接続していれば外出先でも最新のデータにアクセスできるという点では営業にとって利便性が高いですね。リアルタイムで在庫を確認して受注の対応も迅速に行えます。ただ、セキュリティやコストの点はたしかに慎重に考えるべきです」

製造部長

「製造部門としてはシステムの信頼性とパフォーマンスを最優先で考えたいです。どの方法を選ぶにしても、製造ラインに影響を与えない安定したシステムが求められます」

サポート部長

「それはカスタマーサポートも同様ですね。統合データベースを導入すれば顧客からの問い合わせに対し、迅速かつ正確な対応ができるようになるでしょう。ただし、システムのレスポンスが遅ければ逆に顧客満足度が低下するリスクがあります」

IT担当

「次に重要なのはシステムのインテグレーションです。既存の業務システムと新しい統合データベースをどう連携させるか。とくに、データのクレンジングも必要になります。これを怠ると非効率な部分がそのまま持ち込まれる危険があります」

将来物理モデルでは、ここまでに描いた「将来論理モデル」を実際のシステムとして実装する方法を検討します。ここでは次のような具体的な実装戦略を決定し、業務を支えるためのシステムの全体像をDFDに表します。

- **クラウドへシフトするのかどうか**
- **オンプレミスの利用を継続するかどうか**
- **データベースサーバーをはじめとするシステムの構成やツールの選択をどうするか**

チーム内で議論されていたクラウド導入の利点や懸念点を踏まえて、将来物理モデルのDFDにシステム全体の具体的な構築構想を反映します。「統合データベース」によるデータの一元管理で、リアルタイムの情報共有や在庫管理の自動化がスムーズになり、「クラウド」を基盤とすることで営業やサポート部門が外出先からでも統合データベースにアクセスしやすくなるのが特徴です。ここではクラウド上での統合データベースと各部門のシステムとの連携、データの流れを中心に描きます。

まず、外部エンティティとして「顧客」や「サプライヤー」を配置し、それらがクラウド経由で営業や仕入れ部門に接続され、顧客からの注文やサプライヤーとのパーツの受発注が管理されている流れを示します。ここで、営業部やサポート部は統合データベースから必要な情報を直接引き出す、つまりクラウド上での「データアクセス」のプロセスがDFDの中心部分を占めることになります。また、クラウドの導入により、各プロセス間の連携も強化されていることを視覚化し、たとえば在庫状況を自動更新するプロセスや製造スケジュールのリアルタイム調整を行うプロセスもDFDの中で表現します。

また、チーム内の会話でも出てきたデータセキュリティについての懸念に対応するため、クラウド上に設定されるアクセス制御や暗号化などのセキュリティ管理もプロセスとして取り入れます。たとえば、ウェブ上のポータルサイトやモバイルアプリケーションからは注文やサポート情報といった必要なデータのみアクセスできることを表します。

このように、クラウド基盤による迅速な対応力と信頼性の向上というメンバーの意思が明確に反映される物理モデルDFDを作成します。

アンガスをはじめとするAC / PC社の面々がたどり着いた、部門を超えてみんながデータを共有し、業務がスムーズに連携する将来物理モデルは、リアルタイムでのデータ連携と業務の自動化を支える高度なシステムインフラを前提としています。このモデルでは各部門と顧客が利用するシステムがクラウドベースで統合されており、シームレスなデータフローとプロセス管理が実現されます。

図4.1.7：将来物理モデルのDFD

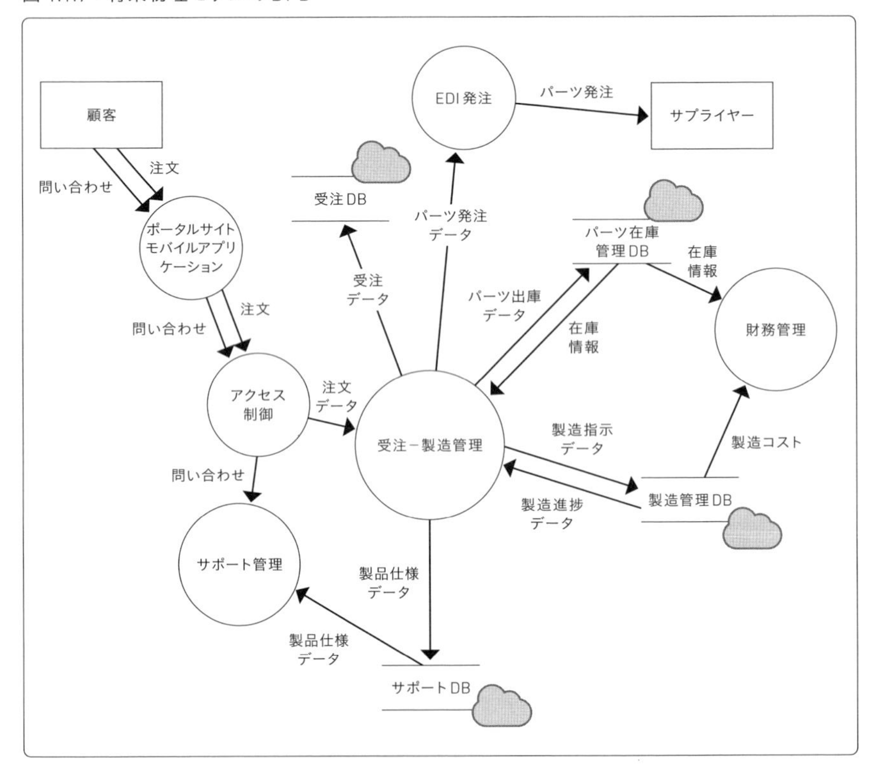

顧客はウェブやモバイルアプリケーションを通じてPCを注文し、その注文はアクセス制御を経てすぐに受注ー製造管理システムに入力されます。このシステムは在庫状況やカスタマイズ情報を自動的に確認し、適切なデータをパーツ在庫管理データベースや製造管理データベースに転送します。また、パーツ在庫管理データベースからリアルタイムで在庫を確認し、もし必要なパーツが不足している場合はサプライヤーへの発注データを自動に作成し、サプライヤーもEDIやAPIを通じてその情報をリアルタイムに確認します。

サポート部門は顧客対応を行う際、サポート管理システムを使用します。SKUレベルでの詳細な製品情報や過去の問い合わせ履歴が参照できるようになるため、迅速な対応ができます。すべての問い合わせ情報が統合管理されるため、顧客対応の効率も大幅に向上します。

さらに、財務管理システムは各部門と連携し、パーツのコストや在庫回転率をリアルタイムで追跡し、財務部が予算と利益率を効果的に管理できるようサポートします。各部門のデータは統合され、正確かつタイムリーな財務管理が可能です。

この中心となっている「受注ー製造管理システム」でのデータの流れをより詳しく説明するためのレベル２のDFDを次図に示します。

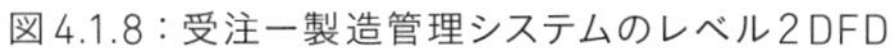
図4.1.8：受注ー製造管理システムのレベル2DFD

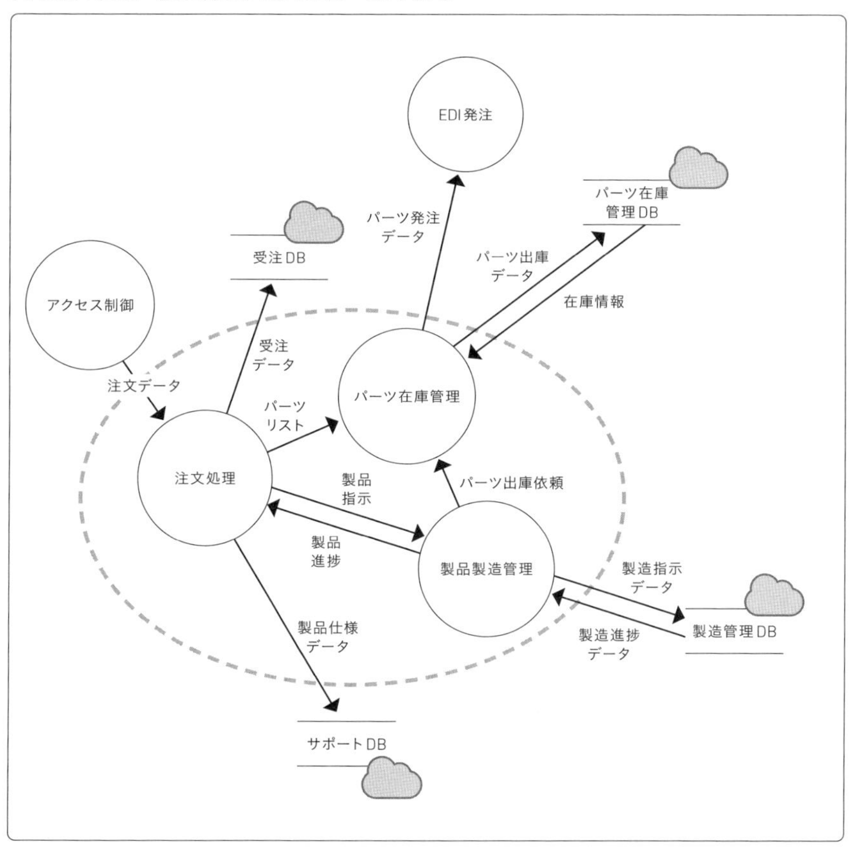

製造指示を受け取り、製造プロセスが開始されると製品製造管理システムはその進捗をリアルタイムで注文処理システムに報告し、顧客や営業部門が製造状況を常に把握できるようになります。このように各システムはクラウドプラットフォーム上で連携し、リアルタイムな情報共有が可能となります。

このように、将来の物理モデルでは特定のベンダーや製品に依存せず、APIやクラウドプラットフォームを活用した汎用(はんよう)的なシステム設計が中心となり、各プロセスが効率的に運用されることが期待されています。これにより手動作業やデータの遅延が排除され、全体的な業務の効率化が実現されるでしょう。

これらの改善は受注から出荷までのリードタイムを大幅に短縮し、在庫の最適化と顧客満足度の向上を実現し、また業務効率を上げることでコスト削減も可能とし、市場での競争力を強化することができることでしょう。

こののち、アンガス率いるAC / PC社のチームは具体的なアクションプランを策定し、プロジェクトの第一歩を踏み出します。新システムの設計・開発は各部門からのフィードバックを取り入れながら進んでいきます。その過程でチーム間の連携はこれまでよりもっと強固なものになることでしょう。

02 データ分析基盤をDFDで表現する

データ分析基盤とは

システム刷新と合わせて分析機能の強化の要件を聞きつけた田中さん。これまでは業務データを処理するシステムの経験が中心で、分析系システムの経験はないようです。

「佐藤さん、最近よく『データ分析基盤』という言葉を聞くんですが、具体的には何ですか？」

「最近、『DX』や『データドリブン経営』が広まっていて、企業はデータ活用を重視しているんだ。そのための基盤となるシステムのことだね」

「なるほど。データを活用すると、企業の競争力につながるんですね？」

「そうだね。そのため、多くの企業がデータ分析基盤を積極的に構築しているよ」

「なるほど。データを活用するのが大事なのはわかりますけど、データ分析基盤って具体的に何を指しているんでしょうか？」

「そうだね。データ分析基盤というのは簡単に言うと、企業が生成する大量のデータを収集して保存し、管理して、それを分析できる形で提供するための仕組みのことだ。これを『データ基盤』とか『データ分析基盤』って呼ぶんだよ」

「データ基盤とデータ分析基盤って、同じものですか？」

「似ているけれど少し違うよ。データ基盤はデータの収集、保存、管理を効率化するためのインフラだね」

田中

「データを集めて保存して、使いやすくする仕組みがデータ基盤なんですね」

佐藤

「そう。そしてデータ分析基盤は、データ基盤を基に分析できる環境やプロセスを整備したものなんだ」

田中

「具体的には、どんなことができますか？」

佐藤

「たとえば、機械学習のトレーニング環境や、BIツールでのレポート作成、ダッシュボードの提供などだね」

田中

「つまり、データ基盤はデータ管理全般で、データ分析基盤は分析まで活用できるものという理解で合ってますか？」

佐藤

「そのとおり！　企業にとってデータは競争力の源泉だけど、一カ所にまとまっているわけじゃないんだ」

田中

「データは社内外のさまざまなシステムから集められるんですね？」

佐藤

「そう。それを『データレイク』や『データウェアハウス』に集約し、分析しやすくするのがデータ分析基盤だよ」

田中

「それって、企業がすばやく意思決定をするために役立つ仕組みってことですね？」

佐藤

「そうそう。たとえば、センサーからのデータや顧客の行動データなどを集めて分析して、すぐにビジネスの意思決定に活かすためにはこういった高度なデータ分析基盤が重要なんだよ」

田中

「正直なところ『データ基盤』とか『データ分析基盤』って、普段あまり区別せずに使われているような気がします」

佐藤

「そうだね。だから、どう呼ばれていようと、何のために使うのか、何のために作るのかという目的の認識をしっかりと合わせておいた方がいいね」

図4.2.1：データ分析基盤とは

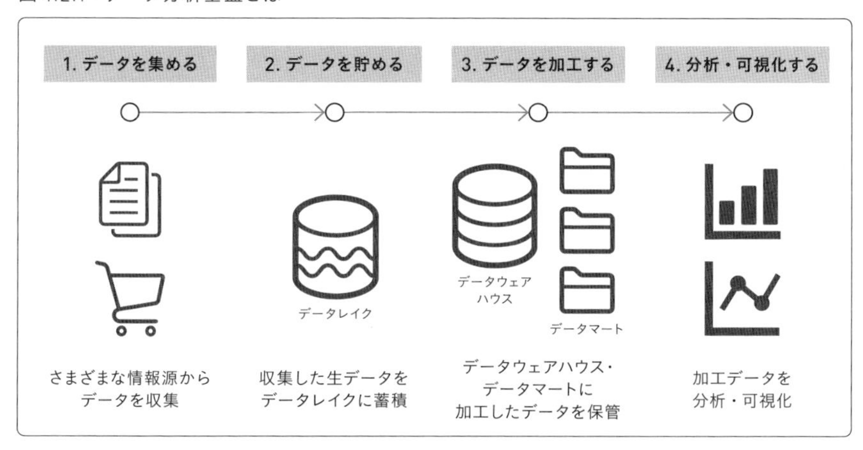

データ基盤とデータ分析基盤は単に技術的な課題だけでなく、組織全体のデータガバナンスやセキュリティ、プライバシー管理とも密接に関連しています。データの信頼性や一貫性を保ちながら適切なアクセス制御を行い、同時に法令遵守を確保することはデータを活用するうえでの重要な要件となっています。

データ基盤、データ分析基盤といったもの自体は古くから求められてきたものですが、単一のハードウェアでは処理能力や容量が足りず、用途や利用者が限られていました。大規模なデータと処理に対応するために複数ハードウェアで構成すると、その構築や維持管理が複雑となり、使用するソフトウェアの習得も含めて導入のハードルが各段に上がるといった状況にありました。そうした状況に対し、パブリッククラウド、マネージドサービスが登場し普及したことでその導入のハードルが下がるとともに、構築パターンやリファレンスアーキテクチャも整備されてきました。その構築パターンの代表的なものが次に紹介する「ラムダアーキテクチャ」です。

ラムダアーキテクチャとは

ラムダアーキテクチャは、Apache Storm[※5]の作者であるネイサン・マーツ(Nathan Marz)が2012年に提唱したもので「バッチレイヤ」「スピードレイヤ」「サービングレイヤ(サービスレイヤ)」という3層構造でデータ基盤の拡張性や保守性を実現する設計概念です。

図4.2.2：ラムダアーキテクチャ

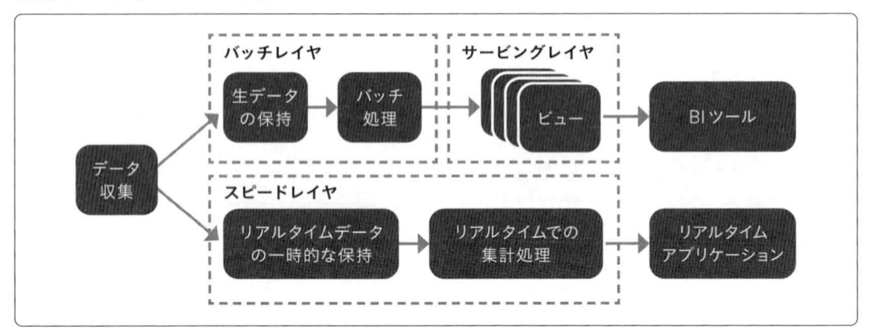

多くの企業において、市場での厳しい競争に勝ち残るためには迅速な意思決定が欠かせず、そうした企業を支えるシステムの多くには「リアルタイムに実態を把握し、判断可能なデータを提供する」というニーズがあります。経営判断に使用する指標数値だけでなく、セキュリティの観点やサービスの安定提供の観点からの動作異常の検出もリアルタイム性が求められる要素となります。

リアルタイム性のニーズに偏った設計を行う場合、必要としているデータを持っているシステムに直接アクセスして分析する、という方法が考えられます。しかし、経営判断に必要なデータを取得するための分析処理は一般的に大きな負荷が発生します。ユーザーへの応答性能、つまりトランザクション処理性能を重視して構築されたデータベースに、高負荷な分析処理が実行されるとリソースを奪われ、システムが不安定になります。さらに、そのトランザクションサービスの提供にも支障を及ぼすリスクがあります。そのため、データ分析基盤にデータを転送してデータ分

※5　Apache Storm (https://storm.apache.org/) はオープンソースで耐障害性に優れた高速分散処理型のニアリアルタイムデータ処理フレームワーク。X (旧Twitter) におけるトレンド機能などの分析処理に利用されている事例などがある。

析基盤内で分析処理を行うことが一般的です。

トランザクションが発生しているシステム＝データソースとデータ分析基盤を分離しつつ、さらにリアルタイム性を追求すると問題が生じます。両者の間で頻繁なデータの送受信が発生し、送信側と受信側の双方のシステムに大きなオーバーヘッドがかかることになります。また、データが生成されるたびに送信されると訂正が発生したデータも送信されることになり、その訂正データをどう扱うかという問題が発生します。これはバッチ処理によって1日分、1週間分、1カ月分といった「締め」の処理を行った確定データを一括転送する方法であれば発生しない問題です。

このような「相反するニーズに対してバッチレイヤ、スピードレイヤに分解してそれぞれ対応しつつ統合し、サービングレイヤ（サービスレイヤ）によってデータを活用可能とする」というアプローチをとるのがラムダアーキテクチャです。

即時性の高い処理に適したサービスやプロダクトは大規模一括処理に適さず、また逆も然りとなることが一般的ですが、「バッチレイヤ」「スピードレイヤ」と分割することで、それぞれのニーズに適したプロダクトやサービスを採用することができます。また、それぞれの状況に応じてスケールさせることも可能となります。

スピードレイヤはデータの精度の優先度を下げ、リアルタイム性を重視して生成されたデータをできるだけ早くデータ分析基盤に転送し、活用できるように構成します。リアルタイム処理のプラットフォームは膨大なデータの保持には不向きでもあるため、直近数時間から数日の暫定データによるリアルタイムダッシュボードやアラートの発報などに利用します。

バッチレイヤは確定データに基づくデータセットを収集して蓄積し、長期的な分析や多様な分析ニーズに応えるための前処理加工を行い、データウェアハウスやデータマートへデータを提供してBIツールなどを用いた分析を可能にします。

図4.2.3：都度転送と一括（バッチ）転送

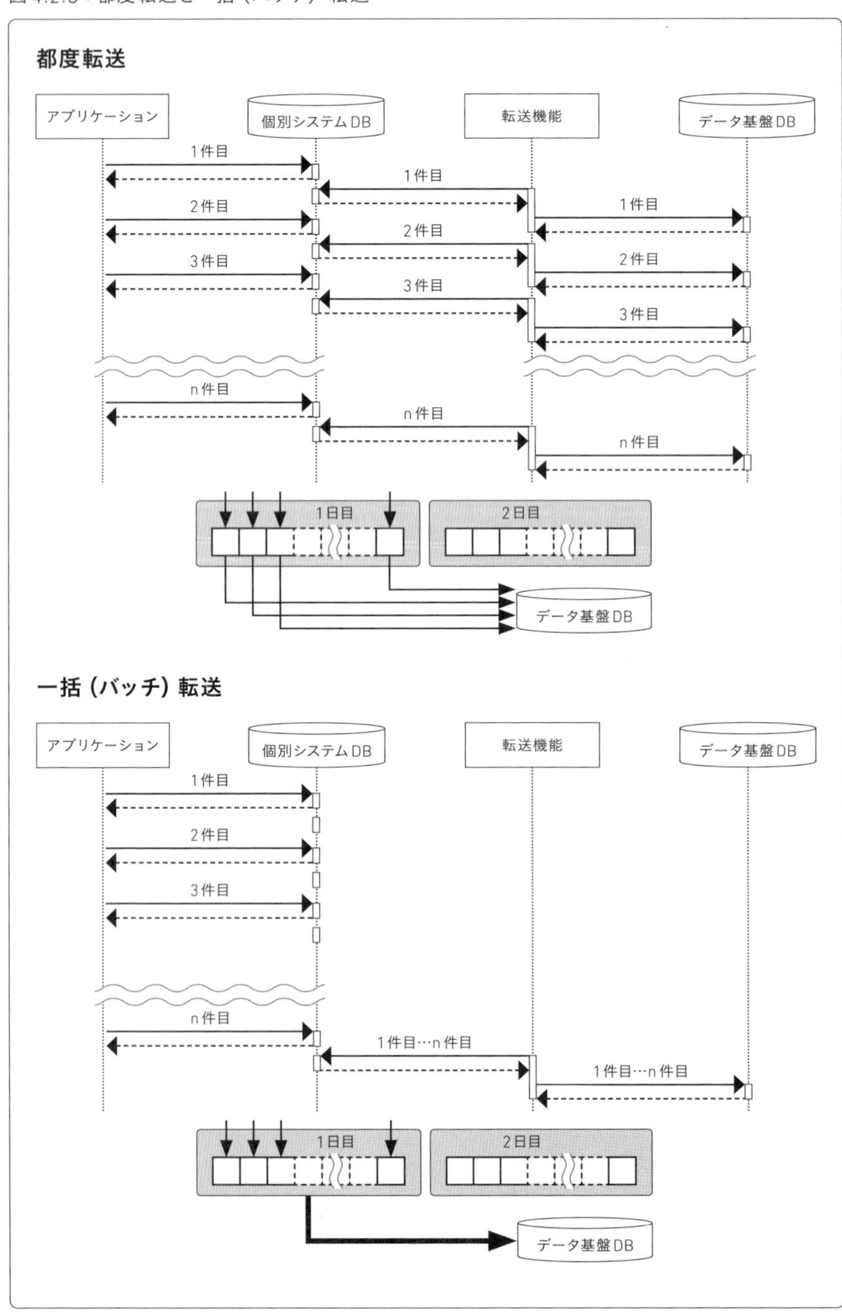

揺り戻し ～「データレイクハウス」と「HTAPデータベース」～

本書ではDFDの利用例として「データ分析基盤」を扱うにあたり、レイヤごとに異なるプロダクトやサービスを使用することが一般的な「ラムダアーキテクチャ」を例として取り上げています。一方、最近では新たなデータ分析基盤を構築したり、刷新したりするケースにおいて「データレイクハウス」や「HTAPデータベース」が注目されています。

データレイクハウスは本書の「はじめに」で言及しているとおり、データレイク、データウェアハウス、データマートなどが個別に構築されていることで起こる課題への回答として「すべてを包含する」というアプローチをとるものです。「HTAPデータベース」の「HTAP」はHybrid Transaction Analytical Processingのことです。従来、トランザクション処理か分析処理かどちらかのみを得意とするデータベース製品群に分かれていたのに対し、両方を1つのデータベースで対応するというアプローチをとるものです。また、このどちらかのカテゴリに含まれないもの、あるいは提供元がとくに強く打ち出していないものであっても、データ基盤のプラットフォームを1つのデータベース、1つのデータストアで担う方が管理上シンプルであるため、集約型の構成をとることが増えています。

このように旧世代の集約型の問題を解決するために、目的・用途に応じて柔軟に対処する分散型が広まっていたトレンドから、その分割による複雑さの解消のための集約型へ、その揺り戻しが起こりつつあります。しかし1つのデータベースに集約されたとしても、その内部の構成としてラムダアーキテクチャのような考え方を適用することは可能です。そしてその実現方法、実現プロダクトの要素を排して抽象化したものがこれから説明する「データ分析基盤をDFDで描いたもの」となります。

ラムダアーキテクチャの各レイヤのDFD表現

佐藤さんの話をきっかけにデータ基盤について学んだ田中さん。その過程で何かひらめいたようです。

「佐藤さん、データ分析基盤について教えていただいたおかげで、僕も理解がだいぶ深まりました。とくに複数のデータを効率的に活用する仕組みが重要だってわかりました。あの後、少し勉強を進めていったら『ラムダアーキテクチャ』のことも知ることができました」

「ラムダアーキテクチャはどんな内容だった？」

「ラムダアーキテクチャについてはリアルタイムとバッチ処理を組み合わせた構成で、バッチレイヤ、スピードレイヤ、サービングレイヤがあるって理解しています。この構成を活かしたデータ分析基盤を社内に取り入れる企画を進めたいと思っているんです」

「社内でラムダアーキテクチャを導入すれば、データの分析速度と精度が両立できる基盤を構築できる。でもこの構成を社内に説明するためには、まずはわかりやすい構成図が必要だね」

「そうですね。実際のデータの流れや処理プロセスが複雑だから、関係者にも理解しやすい図が求められます。DFD（データフローダイアグラム）を使って全体の流れを整理するのはどうかと思っているんです」

「それはいいアイデアだね。DFDを使えば各レイヤでデータがどう流れて、どのプロセスがどのデータを扱っているのかを視覚的に表現できる。たとえば、バッチレイヤでは定期的に大量データを集計するプロセスがあって、スピードレイヤではリアルタイム処理がどう連携するか、DFDなら一目でわかる図にできるよ」

「たしかに。DFDを用いてバッチとスピードの両レイヤで発生するデータ処理を明確に示し、サービングレイヤでどう提供されるかを表現したいと思っています。これなら社内のメンバーにもシステムの全体像が理解しやすくなるはずです」

佐藤

「そのとおりだね。とくにDFDなら、ラムダアーキテクチャ特有のデータのフローとプロセスの役割が整理しやすい。まずは全体のデータの流れを俯瞰(ふかん)した図を作成して、それから細かい処理プロセスに分けて階層的に図を展開するといいだろう」

田中

「なるほど、段階的に詳細化することで複雑な流れも見やすくなりますね。DFDのレベル1で全体の流れを示して、レベル2で各レイヤの具体的な処理内容にフォーカスする構成を考えます」

佐藤

「いい考えだ。レベルを分ければ初心者にもわかりやすいし、技術者には各処理の詳細が伝わる。じゃあ、さっそくその流れでDFDの作成と基本設計に取り掛かろうか！」

田中

「はい、佐藤さん。DFDでしっかりとデータの流れを整理して、ラムダアーキテクチャの導入をわかりやすく提案できるようにします！」

ここからはラムダアーキテクチャを採用したデータ分析基盤をDFDで表現したらどうなるか、具体的に見ていきます。

極端なことを言うとこれはETL（Extract＝集約・Transform＝変換・Load＝書き込み）またはELT（Loadを先に実施してからTransformするアプローチ）の集合体であり、DFDという表現技法がETLのかたまりであるデータ分析基盤の設計を表現するうえで非常に相性がよいことがわかるでしょう。

バッチレイヤ

ラムダアーキテクチャのバッチレイヤは大量のデータを効率的に処理し、データの整合性を確保するための重要な役割を担っています。この層ではデータが定期的に収集され、バッチ処理によって一括で処理されます。バッチレイヤの役割を明確に理解するために、このプロセスをデータフローダイアグラム（DFD）で表現してみましょう。

このDFDによってバッチレイヤがどのようにデータを受け取り、処理し、最終的に保存し、サービングレイヤにデータを提供するかを視覚的に理解することができます。とくに大量のデータを効率的に処理するための分散処理エンジンの役割やデータフローの流れに注目することで、ラムダアーキテクチャ全体におけるバッチレイヤの重要性を把握することができます。

データソース（外部エンティティ）

バッチレイヤにおける最初のステップはデータの収集です。このデータは複数の外部エンティティ（たとえば、トランザクションデータベース、ログファイル、センサーなど）から供給されます。DFDにおいて、これらのデータソースは外部エンティティとして表現され、データフローによってバッチ処理システムに入力されます。データ基盤から見たら外部となりますが、今回はデータ生成・収集タイミングを可視化するため、データストアとプロセスを表現しています。

データ収集（データフロー／プロセス）

次にデータは収集プロセスを経て、バッチ処理システムに取り込まれます。最近では「インジェスト」と呼ばれることも多い処理です。データ取り込みプロセスはデータを一括で収集し、バッチ処理に適したフォーマットに変換する役割を担います。このプロセスはDFDにおいて、外部エンティティからデータストレージへのデータフローとして表現されます。

データソース上でファイル生成されるものは、そのファイル単位で転送することが多いです。データソースがデータベースである場合、そのテーブルから一定の単位で出力したファイルを生成して転送したり、読み取った内容を転送ツールが直接転送し、データストア上に出力したりします。具体的にはオリジナルのプログラム開発でデータ抽出、転送を行う以外に、Fluentd[※6]やLogstash[※7]、Embulk[※8]のようなツールやETLツールが提供するエージェントプログラムやアダプターの基本機

※6　Fluentd（https://www.fluentd.org/）。データコレクターやログ収集ツールとして著名なオープンソースソフトウェア。ログファイルに出力されるログレコードを検出して随時転送する使い方が一般的であるが、インプット、アウトプットのプラグインによって多様なデータソース、データアウトプットに対応している。
※7　Logstash（https://www.elastic.co/jp/logstash）。Fluentdと同様の機能、構造を持つオープンソースソフトウェア。
※8　Embulk（https://www.embulk.org/）。Fluentdの開発者が、Fluentdと同様の構造ながら大量データ転送をともなうバルク処理を得意とするツールとして開発したオープンソースのソフトウェア。

能を用いて実現することが多い部分となります。

転送のためのツールには加工・変換機能を持つものがありますが、原則としてデータソース上で生成されたデータの形式を加工せず、そのまま「生データ」として転送します。

データストア

収集されたデータは通常、データレイクの中心となるオブジェクトストレージなどのデータストアに保存されます。大量のデータを保存することになるため、保管コストが安価で拡張性が高く、後続の変換処理との相性がよい製品やサービスが採用されます。パブリッククラウド各社のオブジェクトストレージ（Amazon S3など）が採用されることが多いですが、最近ではBigQueryのようなスケーラブルなデータウェアハウスに直接取り込むことも増えています。

第4章

変換処理（プロセス）

データストアに取り込まれたデータは変換処理プロセスによって処理されます。変換処理プロセスはデータのクリーニング（異常値・欠損値の除去など）、データの正規化（例：住所情報の「東京都」と「東京」を同じ形式に統一する）、集約と集計、データ結合、ファイルフォーマット変換といった処理を担います。

データストアがオブジェクトストレージである場合はファイルの保存形式をCSVやJSONからApache Parquet※9形式に変換するといったことも行います。Apache HadoopやApache Spark※10などの分散処理フレームワークを利用して、大規模データセットを並列に処理します。DFDではこれらの処理ステップは複数のプロセスとして表現され、それぞれが異なるデータストアからデータを読み込み、最終的な出力を生成します。

サービングレイヤへのデータフロー

最後に、変換処理によって生成されたデータはサービングレイヤに送られます。サービングレイヤではユーザーからのクエリに対して迅速に応答できるように、変換処理の結果を利用します。DFDではバッチレイヤからサービングレイヤへのデータフロー

※9　Apache Parquet（https://parquet.apache.org/）。オープンソースの列指向データファイル形式。効率的なデータ圧縮と符号化形式により、分析処理のパフォーマンス向上に適している。
※10　Apache Hadoop（https://hadoop.apache.org/）は、分散ストレージ（HDFS）とMapReduceによる大規模データ処理を提供するフレームワーク。Apache Spark（https://spark.apache.org/）はHadoopと連携可能な高速分散処理エンジンで、インメモリ計算により効率的なデータ分析を実現する。

が示され、バッチ処理結果が実際にどのように利用されるかが明確に表現されます。

図4.2.4：バッチレイヤのDFDの例

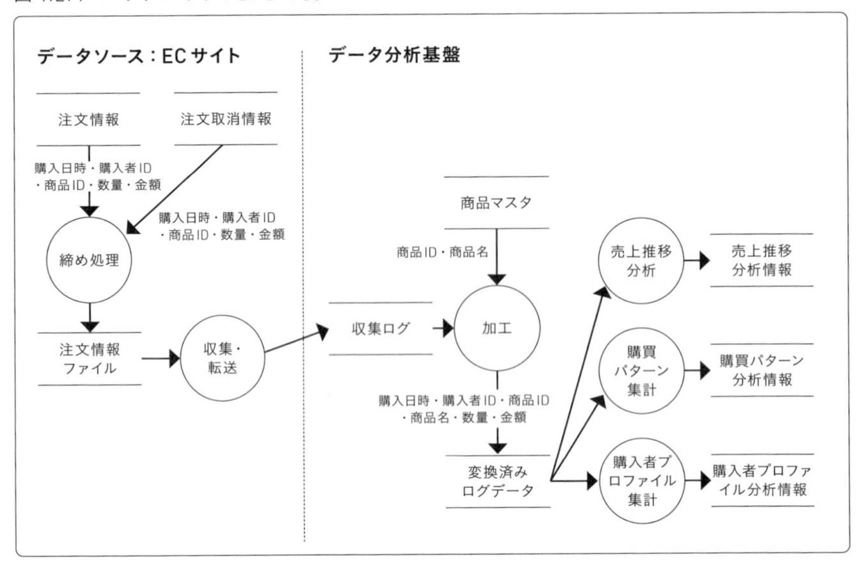

この図はECサイトとデータ分析基盤のバッチレイヤとの連携のDFDの例です。日次や月次での売上総額や商品別売上傾向の分析などは締め処理を行って確定された注文情報ファイルをデータ分析基盤に転送し、バッチレイヤで加工・分析処理したデータを使用します。

個人や属性セグメントごとの購買傾向の分析を行うのもその分母となるデータは大量であるため、バッチレイヤで処理を行ってその結果でデータを生成しています。これらは後に、商品開発やマーケティング施策を検討するうえでの基礎資料やさらなる分析のためのデータとして使用されたり、ECサイト上での商品推薦（レコメンデーション）にも使用されたりするでしょう。

できるだけオリジナルのデータはそのまま保存しつつ、さらに後工程で使用しやすいように加工したデータを生成します。最初から判明している要求に即して加工し、オリジナルのデータを保持しないような設計にしてしまうと、追加の要求に対応する際に収集・転送の入り口部分から修正が発生するなど、影響範囲が大きくなってしまいます。

スピードレイヤ

ラムダアーキテクチャにおいて、スピードレイヤはリアルタイムのデータ処理を担当する重要なコンポーネントです。この層は遅延の少ない処理を可能にし、すばやく意思決定に結びつけるためにリアルタイムでデータを処理します。ここではスピードレイヤの役割とそのデータフローをデータフローダイアグラム（DFD）で表現し、どのように動作するかを視覚的に解説します。

スピードレイヤのDFDを通じて、リアルタイムデータがどのように処理され迅速に提供されるかを理解することができます。この層は遅延を最小限に抑えた迅速なデータ処理を実現するために設計されており、ユーザーがリアルタイムに得るデータの価値を最大化します。とくに、スピードレイヤはデータ分析基盤において即時性を必要とする処理に適しており、リアルタイムでの意思決定を支援する役割を担っています。

データソース（外部エンティティ）

データソースとしてはバッチレイヤと同じものです。複数の外部エンティティ（たとえば、トランザクションデータベース、ログファイル、センサーなど）から供給されます。DFDにおいてこれらのデータソースは外部エンティティとして表現され、データフローによってスピードレイヤの処理システムに入力されます。データ基盤から見たら外部となりますが、今回はデータ生成・収集タイミングを可視化するため、データストアとプロセスを表現しています。

データ収集（データフロー／プロセス）

次にデータは収集プロセスを経て、リアルタイム処理システムに取り込まれます。データが生成される都度そのデータを検出し、データストアに転送します。

具体的にはFluentdやLogstashのようなツール、あるいはリアルタイム処理システムのプロダクトが提供するエージェントやそのライブラリを用いたプログラムによって実現します。

キャッシュまたはデータストア

スピードレイヤのデータストアはリアルタイム処理に適したストリーム処理エンジンを利用することが多いです。これにより、ユーザーやほかのシステムが即時に処理結果を取得できるようになります。具体的にはApache Kafka[※11]やApache Flink[※12]のようなプラットフォームを採用します。

変換処理（プロセス）

データストアに採用されるストリーム処理エンジンは変換・加工処理機能を持つものも多いです。ここではフィルタリング、集計、解析などのリアルタイム処理が行われます。

クエリおよび応答処理

最後にユーザーからのクエリやほかのシステムからの要求に対して、スピードレイヤは即座に応答します。これはキャッシュやリアルタイムデータストアからデータを取得し、必要な情報を提供するプロセスです。DFDではユーザーインターフェースやほかの外部エンティティからのデータフローがキャッシュやリアルタイムデータストアと結ばれ、この応答プロセスが示されます。

図4.2.5：スピードレイヤのDFDの例

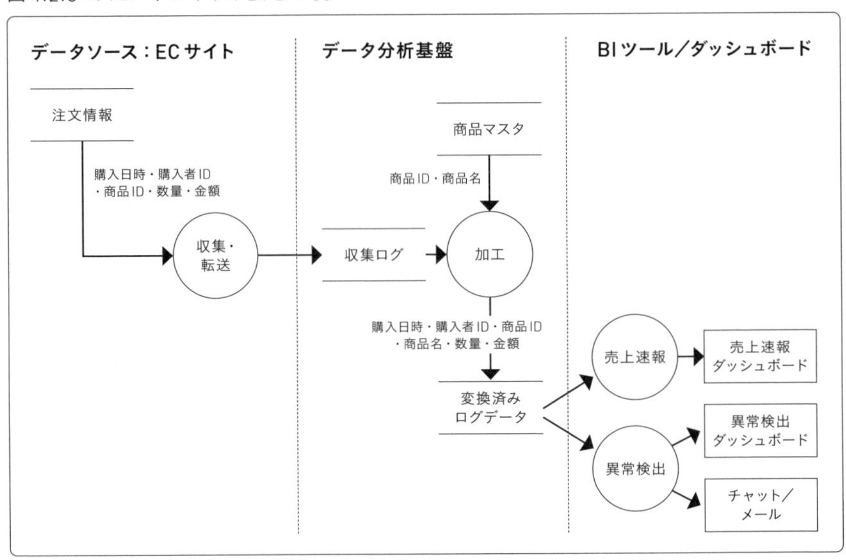

※11　Apache Kafka（https://kafka.apache.org/）はスケーラビリティに優れたオープンソースの分散メッセージキュー。
※12　Apache Flink（https://flink.apache.org/）はデータ ストリームに対するステートフルな計算のためのオープンソースのフレームワークおよび分散処理エンジン。

左の図はECサイトとデータ分析基盤のスピードレイヤとの連携のDFDの例です。確定値ではない速報ベースでの売上状況をダッシュボードに表示し、ウェブやテレビ、雑誌といった各種メディア上で商品が紹介されたタイミングとそこからの反響を把握する、といった用途で使用します。

同様に、通常とは異なる注文傾向を示している商品を検出して異常検出ダッシュボードに表示したり、チャットやメールに発報したりすることができます。意図的な施策にひもづかない販売傾向を示す商品について、迅速な調査着手を行うきっかけとなります。ここで言う異常とは、転売などを目的とした特定ユーザーによる不正な大量購入かもしれませんし、インフルエンサーによるSNS上での商品の紹介から自然発生した購入希望者の急増かもしれません。

サービングレイヤ（サービスレイヤ）

ラムダアーキテクチャにおけるサービングレイヤは、最終的にユーザーがデータへクエリを行うためのレイヤであり、データ分析基盤において非常に重要な役割を担います。ネイサン・マーツによるラムダアーキテクチャのオリジナル設計では、サービングレイヤはバッチレイヤのデータのみを取り込むという特徴があります。これにより、データの正確性と完全性が担保されます。

サービングレイヤは、バッチレイヤで事前に計算された「正確で完全なデータ」を格納し、ユーザーのクエリに迅速に応答するためのインデックス化やデータ構造の最適化を行います。バッチレイヤのデータがサービングレイヤに取り込まれることで、膨大なデータセットに対する複雑なクエリにも耐えうる性能が実現されます。

バッチビューの生成（プロセス）

サービングレイヤはバッチレイヤで処理された大規模なデータセットから、ユーザーのクエリに応答するためのバッチビューを生成します。バッチビューは事前に集計されたデータや統計情報を含み、クエリ応答の効率を大幅に向上させます。DFDではこのプロセスがバッチレイヤからのデータフローを受け取り、サービングレイヤのデータストアにバッチビューを保存することを示します。

クエリ処理エンジン（プロセス）

ユーザーやほかのシステムからのクエリは、クエリ処理エンジンによって受け付けられます。このエンジンはバッチビューから必要なデータを検索し、迅速に結果を生成して応答します。DFDでは、アドホックなクエリを受け付ける場合バッチビューの内容を入力元とするクエリ処理プロセスとして表現されます。定型レポートなど固定的なクエリを処理する場合、その処理定義ごとのプロセスを表現してもよいでしょう。

クエリ応答（外部エンティティ）

最終的に、クエリの結果はユーザーやシステムに返されます。この応答プロセスはユーザーエクスペリエンスに直接影響を与えるため、迅速かつ正確な応答が求められます。DFDではクエリ処理エンジンからのデータフローがユーザー（外部エンティティ）に戻ることを示し、システムの最終的な出力がどのように提供されるかを表現します。

サービングレイヤはユーザーに見える「ビュー」と密接しており、BIツールを使用することが一般的です。加工済みデータを持つデータベースに対してBIツールから直接アクセスしてクエリを発行するケースと、BIツール自身がローカルにデータベースエンジンを持ち、そのローカルデータベースに保存したデータを利用するケースがあります。

図4.2.6：サービングレイヤのDFDの例

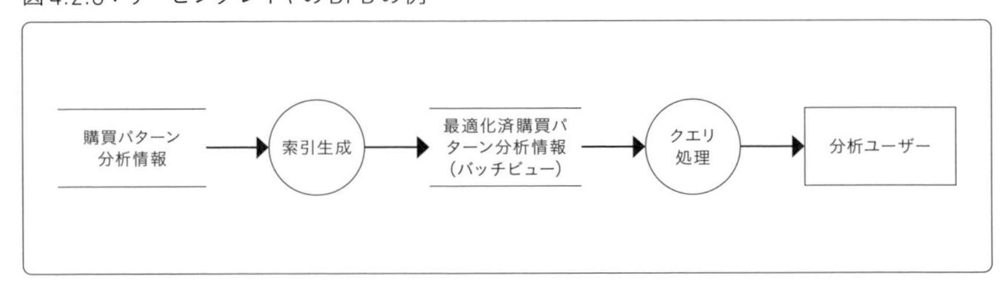

まとめ

ラムダアーキテクチャについてそれぞれのレイヤで分解し、典型的な利用例を1つずつ取り上げて図解して解説してきました。データ分析基盤となると、さまざまなデータ活用のシナリオが存在し、そのためのデータフローがたくさん発生します。ECサイトであれば画面操作、遷移、カートへの登録や削除といった情報も収集し、より細かな分析に利用するでしょう。商品ページへの流入経路の分析なども行うはずです。

これを抽象化していくと、どのようなデータ分析基盤もコンテキストダイアグラムは似たようなものになります。分析対象となるデータを生成する複数のシステムがインプット側の外部エンティティとして表現され、データ基盤の中心が蓄積・加工プロセスとなり、その加工生成結果の出力先がそれらのデータを利用する複数のデータ活用システムとして外部エンティティとなります。ラムダアーキテクチャを例に解説してきましたが、ラムダアーキテクチャを採用しても、ラムダアーキテクチャに該当しない方式を採用しても、おおよそ同じ形になります。

実装方式のレベルで見ると収集のためのデータ転送のプログラムは、データソース側のシステムに実装されるかもしれませんし、データ基盤側からアクセスするシステムになるかもしれません。データの活用においてもデータ基盤側から転送されるかもしれませんし、データ活用システム側からアクセスして取得するかもしれません。しかしDFDとして表すと、おおよそこのようなコンテキストダイアグラムの表現に収束します。

図4.2.7：データ分析基盤のコンテキストダイアグラムは、ほぼこの形となる

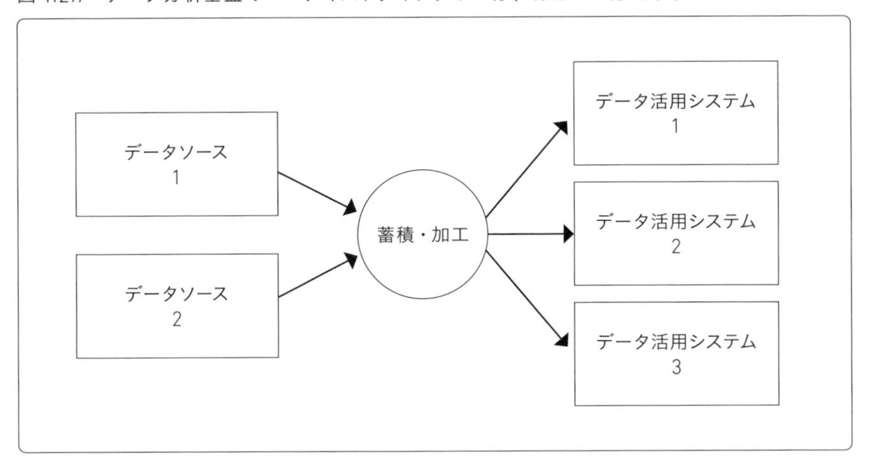

DFDのレベルを掘り下げて見ても似たような傾向になります。

原則として、データソースとなるシステム上のデータはデータ分析基盤上にそのまま転送して蓄積します。そしてデータ活用のニーズに合わせて加工処理を行います。加工した結果はデータ基盤上に保存して、データウェアハウスやデータマート、BIツールのローカルストレージに取り込まれて利用されたり、データ分析基盤上のデータに直接アクセスして分析や特定データの検出を行ったりするという使われ方をします。いずれのケースにおいても、おおよそ図4.2.7のような形に落ち着きます。

この図はGUIによる設定画面を持ったETLツールを使用した経験のある方なら、なじみがあるかもしれません。ほぼ同じような絵ができ上がります。

データの処理単位、タイミング、利用するツール／モジュール、変換や加工の仕様の詳細などはプロセスにひもづくミニ仕様書に記載します。これもまた、ETLツールで処理ステップの設定項目として定義するのと同様となります。

データ分析基盤の構築にあたっては「データの民主化」と称して、より多くの人がデータにアクセスし、自由に分析、活用することでデータの価値を引き出そうという目的がともなうようになっています。より多くの人がデータを活用するためには必要としているデータがどこにあるのか、そのデータはどこからどのようにして作られたものなのかといった情報が整備されている必要があります。そこで「デー

タカタログ」「データリネージ（Data Lineage)」と呼ばれる「データの解説書」に相当するシステムを用意することが増えています。データカタログはデータ分析基盤上で扱えるデータについて、そのデータの場所や項目を記述した仕様書に相当します。データリネージは、リネージ＝血統・家柄という意味からそのデータがどこでどのように生成され、どのような経路をたどってきたかという情報を整備したものになります。

DFDとその付帯文書としてのミニ仕様書やデータディクショナリはまさにデータカタログやデータリネージに相当する仕様書となりますので、こうした情報を整備する際にも有力な情報源となるでしょう。

図4.2.8：データ分析基盤のDFDは階層を掘り下げても似たような形になる

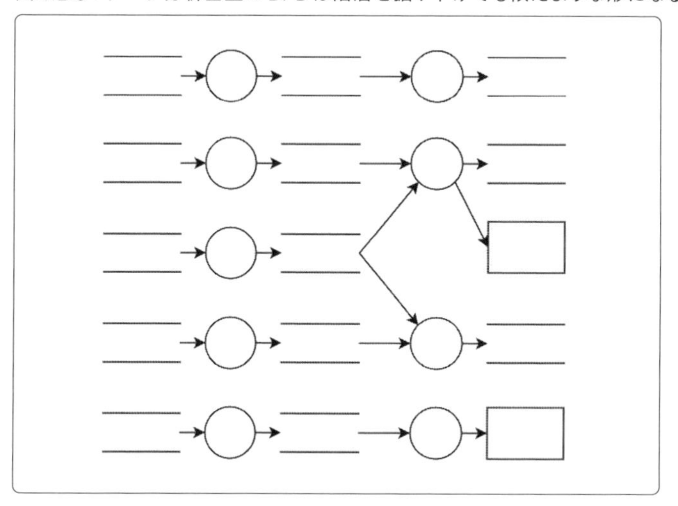

03 第4章のまとめ

第4章では、従来からあるような「PCメーカーの基幹システム」に加え、構築事例が急速に増えている「データ基盤」という、具体的な2つのシステムについて、DFDを活用した表現事例を紹介しました。このように、「入力・処理・出力」という構造に着目すれば、DFDによってさまざまなシステムにおけるデータの流れの全容を表現することができます。

次の章では、この「入力・処理・出力」という視点をもう少しミクロなテーマに向けて、DFDを応用する例をご紹介します。

第5章 特定テーマにDFDを活用する

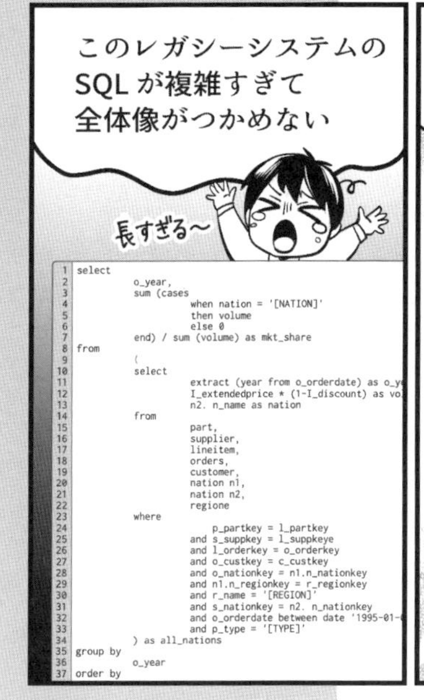

こんなことにもDFD!?

今度は既存システムの性能劣化対応に駆り出された田中さん。SQLを使った経験はそれなりにあるけれど……。

「うーん、このレガシーシステムのSQLが複雑すぎて、全体像がつかめない……」

「そういえば、前に習ったDFDってこういうときにも使えるんじゃない？」

「えっ、でも基本的なデータフローを描く道具ですよね？」

「テーブルをデータストアにして結合やサブクエリをプロセスに見立てて、少しずつ分解して描いてみよう」

田中さんがSQLをDFDに置き換えていく。

「お、なんか見えてきたぞ！」

「SQLだって極端に言えばテーブルをインプットとして結果をアウトプットするプロセスだから、DFDが表現しようとするものと同じ特性を持っているね」

「これなら複雑なSQLに遭遇しても怖くない！　SQLどころか世の中のすべてはDFDを使って表現できるのでは？」

「さすがにそれは厳しいけれど、データの出入り口に着目したセキュリティ分析やDFDが苦手とされているオブジェクト指向への橋渡しとして、ロバストネス図へ変換するといった応用もできるんだよ」

「道具は使う人次第で無限の可能性があるんですね！」

第4章では、システム構成という大きな枠組みについて、いくつかのシステムの例を取り上げてDFDで表現しました。第5章ではもう少し狭いテーマでDFDを応用する例を見てみます。

01 DFDでSQLを表現する

リレーショナルデータベースとSQL

ITエンジニアであればリレーショナルデータベース（RDB）とSQLにはなじみがあると思いますが、簡単に定義をおさらいしておきます。

RDBは、データを行と列で構成されるテーブル（表）として保存するデータベースの一種です。これにより、複雑なデータ構造をシンプルかつ直感的に扱うことが可能となります。各テーブルは特定のエンティティや事象に関するデータを表し、行には個々のレコード（データの単位）、列にはそのレコードの属性（データの項目）が格納されます。RDBの特徴として、データの整合性や一貫性を保つための制約やテーブル間の関連性（リレーション）を定義することがあげられます。

SQL（Structured Query Language）はRDBを操作するための標準的な言語です。SQLを使用するとデータの検索、追加、更新、削除といった操作を簡潔に記述できます。たとえば、検索という操作一つをとっても特定の条件に基づいてデータを抽出したり、必要なカラムだけを取り出したり、複数のテーブルを結合して新たなデータセットを作成したりといった操作が可能です。これらの操作を組み合わせることで複雑なデータ操作も効率的に行うことができます。

図5.1.1：RDBとSQL

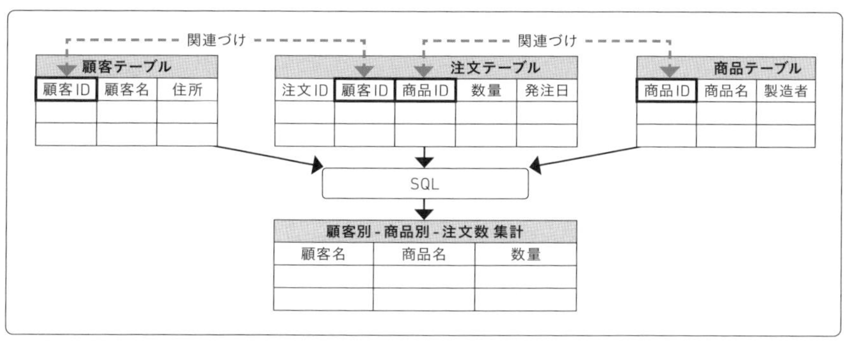

SQLの3要素 〜選択・射影・結合とDFD〜

SQLを使用しているITエンジニアの方の中には、データ抽出のためのSQLを記述するときに「選択」「射影」「結合」といった用語を明確に意識せずに利用している人もいるかもしれません。しかし、情報処理技術者試験ではこの用語で出題されていますので、この用語に沿ってそれぞれをDFDで表すとどうなるか解説していきます。

選択

選択は条件に合致した行を抽出することです。DFDで表すとこのようになります。

図5.1.2：SQL「選択」とDFD

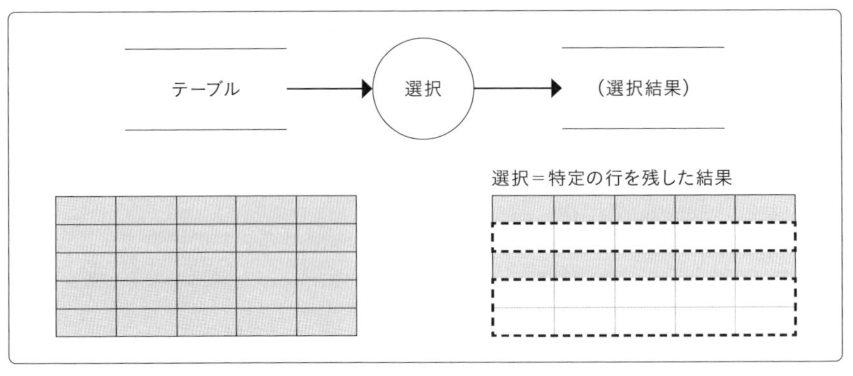

これまで見てきたDFDの基本のとおり、極めてシンプルなインプット・プロセス・アウトプットの表現となります。アウトプット先については永続化するか確実ではありませんが、わかりやすくするために便宜的にデータストアで表現しておきます。

単純なSELECTの場合はSQLを実行した結果として表示されるものがアウトプットであり、データストアにはそぐわない印象を持つかもしれません。しかし、RDBMSの中では実行結果をメモリ上に展開していますし、プログラミング言語の中からSQLを発行してその結果を受け取る「ResultSet」はまさにこのデータストアに相当します。

SELECTの結果を別のテーブルに挿入・格納する場合（INSERT INTO テーブルA SELECT 列名 FROM テーブルB … のような構文）は、まさにこのDFDのイメージそのものとなるでしょう。

射影

「射影」は指定した列を抽出することです。DFDで表すとこのようになります。

図5.1.3：SQL「射影」とDFD

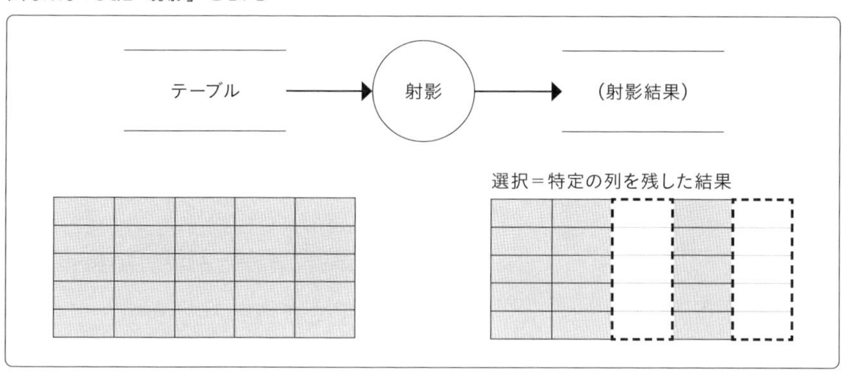

「選択」のDFDと見た目はほとんど変わりません。テーブルから行を取り出すか、列を取り出すかはプロセスの中の仕様の話となるためDFDの違いとして現れません。

データフローに名前や説明をつけるときに表現を使い分けることでDFDレベルで見た目を変えることもできますが、詳細を表そうとすると文字が多くなり見づらいものになります。そのため、ミニ仕様書やデータディクショナリに記述してDFD上ではSQLの構造を捉えることに焦点を当てるのをお勧めします。

結合

「結合」とは複数の表をつなぎ合わせて1つの表にすることです。DFDで表すとこのようになります。

図5.1.4：SQL「結合」とDFD

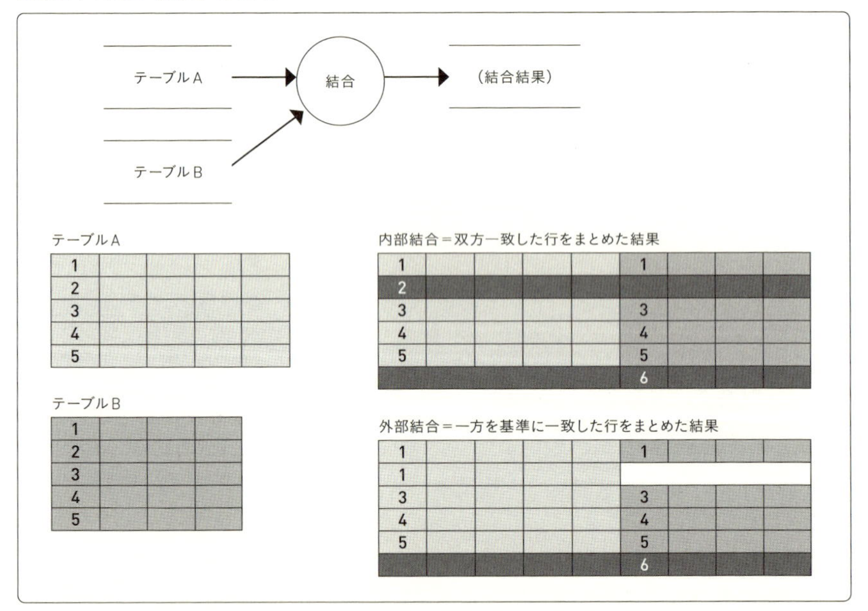

複数の表を参照するということでインプット元となるデータストアが複数あります。テーブル上の特定列の値同士を照合して一致した行同士をつなぎ合わせて1つの行とみなし、1つの表としてアウトプットします。内部結合では照合列が双方一致した行のみが出力され、外部結合ではどちらか一方の表の全行を基準に（図の例ではテーブルAを基準に）同じ値を持つテーブルBの行を結合し、存在しない場合は空行（厳密にはNull※1）を結合して出力します。

図の例では結合可能な行について、すべての列を結合して出力するようなイメージとなっています。しかし現実的には、結合できた行をすべて出力せずに特定条件に合致した行だけを出力する「選択」や、必要な列を特定して取り出す「射影」も

※1　空とNullは、厳密には異なるものである。Nullは「値が定まっていない」のであって、空（長さ0）であることさえも特定されていない状態でである。しかし、データベース製品やプログラム言語によっては空とNullを厳密に区別していないものもあるなど、その扱い方はさまざまである。

同時に使用されます。ここではあえてプロセスを分離して表記せずに1つにまとめ、そのプロセスにひもづくミニ仕様書に詳細を記載することにします。

集合論理演算（和集合、差集合、積集合）

RDBMSでは同じ構造を持つテーブル同士を集合論理演算することも可能です。和集合「UNION」は純粋に足し合わせたもの、差集合「EXCEPT」または「MINUS」は双方のテーブルに存在するものを除外したもの、積集合「INTERSECT」は双方のテーブルに共通して存在するもののみを取り出したものとなります。

DFDで表すとこのようになります。

図5.1.5：集合論理演算とDFD

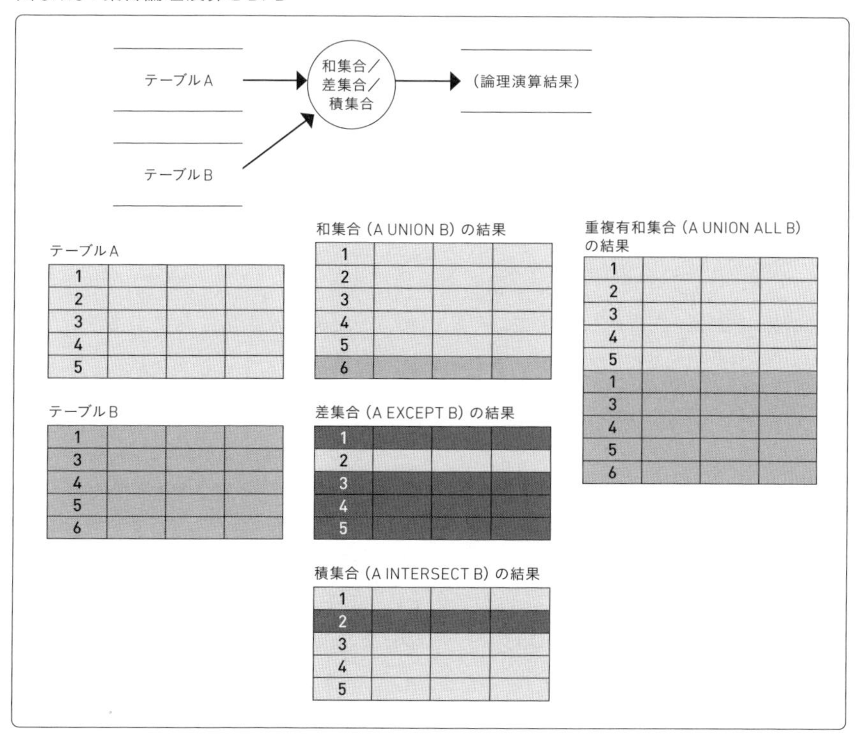

3つの集合論理演算を1つにまとめて図解しました。処理の内容が異なるだけでDFDとしてのインプット、プロセス、アウトプットの構造は「結合」のDFDと同様です。

なお、行レベルでの一致に基づく和集合、差集合、積集合としてUNION、EXCEPT（またはMINUS）、INTERSECTを取り上げています。また、EXISTS、NOT EXISTS、IN、NOT INなどでテーブル間の照合を行うようなケースでも、同じようにDFDで表現することができます。

複雑なSQLをDFDで解明する

前節まで、SQLの基本的な構成要素がそれぞれどのようなDFDに置き換えられるかを解説してきました。ここからは、実際に複雑なSQLをDFDに置き換えてみます。

題材としての「TPCベンチマーク」

リレーショナルデータベースの世界にはデータベースエンジンの性能を同じ指標で評価するためのベンチマークを策定・公開している「Transaction Processing Performance Council（TPC）」という非営利団体があります。ベンチマークの種類は複数ありますが、有名なものはTPC-CとTPC-Hの2つです。

TPC-Cは「複数の販売区域と倉庫を持つ卸売業者」という想定で作られており、顧客情報の参照、在庫照会、注文、支払いといった業務が大量に発生するシナリオです。一つひとつの処理規模が小さく実行量が多いオンライントランザクションに対するDBの処理能力を計測することができます。

TPC-Hは、TPC-Cと同様の卸売業者における売上収益分析、出荷遅延分析、割引戦略効果分析など、企業活動における意思決定支援のためのアドホックな分析を模してデータウェアハウスの処理性能を計測することができます。

ここでは1つのSQLが複雑になりがちな分析SQLを発行するTPC-Hの中から、実際に使用されているSQLをピックアップして解説します。

TPC-Hのデータモデル

TPC-Hで実行するSQLを解説するうえでは、そのデータモデルについて理解していただく必要があります。TPC-Hのデータモデルは次のようなテーブルで構成されています。なお、各テーブルのカラム名には各テーブルを示す接頭辞がついています。

テーブル名	接頭辞	内容
CUSTOMER（顧客）	C_	顧客情報を保持するテーブルです。CUSTOMERテーブルには顧客ID（C_CUSTKEY）、氏名（C_NAME）、住所（C_ADDRESS）、口座残高（C_ACCTBAL）などの情報が格納されています。
ORDERS（注文）	O_	各顧客が行った注文の情報を保持するテーブルです。ORDERSテーブルには注文ID（O_ORDERKEY）、注文日（O_ORDERDATE）、注文の優先度（O_ORDER_PRIORITY）、注文ステータス（O_ORDERSTATUS）などが含まれています。
LINEITEM（注文明細）	L_	各注文の詳細情報を含むテーブルで、注文された個々の商品の情報を記録しています。このテーブルはORDERSテーブルとの関係を持ち、最も行数が多いテーブルです。各行は注文ごとの商品ID（L_LINENUMBER）、数量（L_QUANTITY）、価格（L_EXTENDEDPRICE）、出荷情報（L_SHIPDATE、L_SHIPINSTRUCT、L_SHIPMODE）などを含んでいます。
PART（商品）	P_	商品や部品の情報を保持するテーブルです。商品ID（P_PARTKEY）、名称（P_NAME）、ブランド（P_BRAND）、小売価格（P_RETAILPRICE）などが含まれます。
SUPPLIER（サプライヤー）	S_	商品や部品を供給するサプライヤーの情報を保持するテーブルです。サプライヤーID（S_SUPPKEY）、名称（S_NAME）、住所（S_ADDRESS）、電話番号（S_PHONE）、口座残高（S_ACCTBAL）などが含まれます。
PARTSUPP（部品-サプライヤー）	PS_	PARTとSUPPLIERを結びつける中間テーブルです。部品ごとにどのサプライヤーが供給しているかを管理し、供給コスト（PS_SUPPLYCOST）や在庫数量（PS_AVAILQTY）などを記録します。
NATION（国）	N_	各サプライヤーや顧客が属する国の情報を保持するテーブルです。国ID（N_NATIONKEY）、国名（N_NAME）、対応する地域ID（N_REGIONKEY）などが含まれ、国際取引や地理的分析に使用されます。
REGION（地域）	R_	NATIONテーブルと関係を持つ地域情報を保持するテーブルです。地域ID（R_REGIONKEY）、地域名（R_NAME）などを含み、地理的な観点からのデータ集計や分析を可能にします。

TPC-Hのデータモデルは典型的なスタースキーマ[※2]に近い構造を持ちますが、データ分析の観点で最適化されています。CUSTOMER、ORDERS、LINEITEM、PART、SUPPLIERなどのテーブルは相互にリレーションシップを持っており、複数の結合操作を必要とする複雑なクエリが実行されます。とくにLINEITEMテーブルは大量のデータを保持しており、このテーブルに対する結合や集約がTPC-Hクエリの処理において重要な役割を果たします。

なお、図中にある「SF」はScale Factorの意味で、TPC-Hベンチマークを実行するにあたってのデータ量のパラメータとなります。SF=1であれば、LINEITEMテーブルに600万件が格納された状態で所定のSQLを実行して計測することになります。

※2　スタースキーマ：データウェアハウスでよく使用されるデータモデルのパターンの1つ。ファクトテーブル（金額や数量のトランザクション）とディメンジョンテーブル（時間や商品などの分析軸となる次元）で構成され、中央に1つのファクトテーブルで構成される。シンプルで理解しやすい。

図5.1.6：TPC-Hのデータモデル

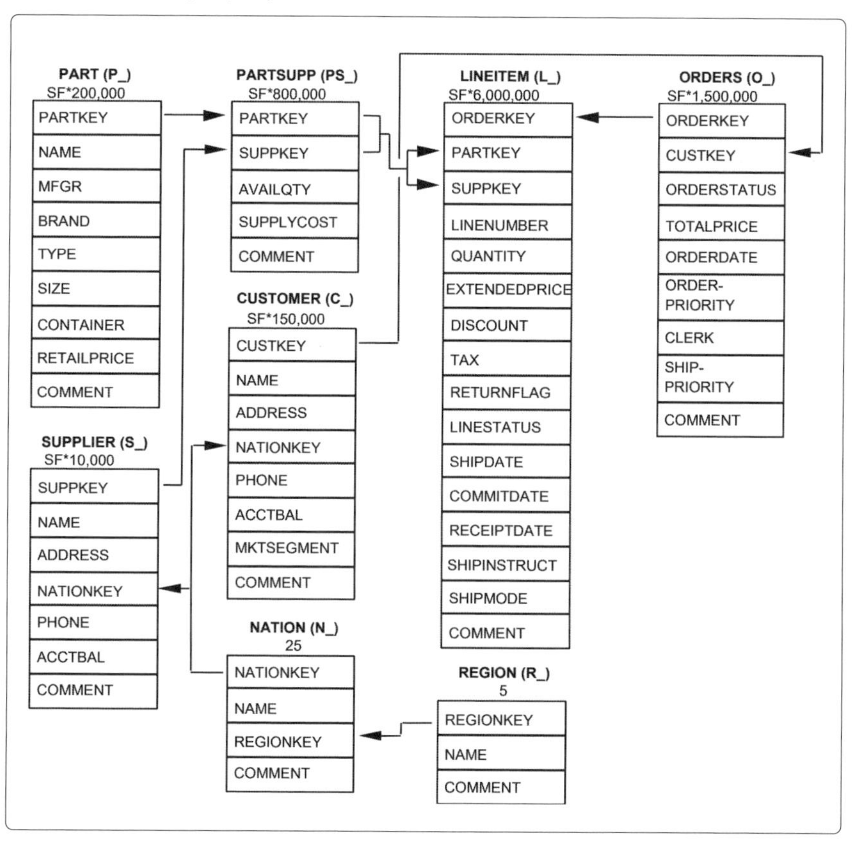

出典：https://www.tpc.org/TPC_Documents_Current_Versions/pdf/TPC-H_v3.0.1.pdf（TPC-H公式資料）

TPC-Hで実行されるSQL

TPC-Hでは22の分析シナリオに対応したSQLを実行し、その処理速度を計測するルールとなっています。どのようなシナリオになっているかを簡単に解説します。

クエリ名称	説明
Q1 - Pricing Summary Report (価格サマリレポート)	売上情報を基に請求、出荷、返品それぞれについての取引金額、割引、税金などを計算して収益性を評価します。
Q2 - Minimum Cost Supplier (最低コストサプライヤー)	地域ごとに最低価格で商品を供給できるサプライヤーを特定します。
Q3 - Shipping Priority (出荷優先度)	高い利益をもたらした注文を基に、出荷優先度の高い顧客と注文を識別します。
Q4 - Order Priority Checking (注文優先度チェック)	注文の出荷遅延状況を確認し、出荷優先度が適切に設定されているかを評価します。
Q5 - Local Supplier Volume (地域サプライヤーの売上量)	各地域内のサプライヤーによる売上ボリュームを計算し、地域ごとの経済活動を分析します。
Q6 - Forecasting Revenue Change (収益変動予測)	割引率の変動が将来の収益に与える影響を予測します。
Q7 - Volume Shipping (手総手段別売上)	異なる輸送方法ごとに売上ボリュームを比較して最適な輸送手段を特定します。
Q8 - National Market Share (国別市場シェア)	各国市場でのシェアを計算して国別の販売戦略を評価します。
Q9 - Product Type Profit Measure (製品タイプ別利益)	製品タイプごとの利益を計算して製品の収益性を分析します。
Q10 - Returned Item Reporting (返品商品レポート)	返品された商品の売上とその原因を分析して返品が収益に与える影響を評価します。
Q11 - Important Stock Identification (重要在庫の特定)	各サプライヤーが保持する在庫のうち、重要な在庫を特定します。
Q12 - Shipping Modes and Order Priority (輸送手段と注文優先度)	異なる輸送手段ごとの注文の優先度と関連づけて効率的な配送方法を評価します。
Q13 - Customer Distribution (顧客分布)	顧客の購入パターンを分析して顧客セグメントごとの購買行動を評価します。
Q14 - Promotion Effect (プロモーション効果)	プロモーションが売上に与える影響を測定してマーケティング戦略を評価します。

Q15 - Top Supplier （上位サプライヤー）	収益に大きく貢献したサプライヤーを特定してそのパフォーマンスを評価します。
Q16 - Parts/Supplier Relationship （部品とサプライヤーの分析）	特定の条件を満たす部品を供給するサプライヤーとの関係を分析します。
Q17 - Small-Quantity-Order Revenue （小規模注文の収益）	小規模な注文がもたらす収益を計算して注文の効率性を評価します。
Q18 - Large Volume Customer （大口顧客）	大量購入を行った顧客を特定して彼らの購買行動を分析します。
Q19 - Discounted Revenue （割引収益）	割引された商品の売上を分析して割引戦略の効果を評価します。
Q20 - Potential Part Promotion （部品プロモーションの可能性）	特定の部品の需要予測に基づいてプロモーションの効果を評価します。
Q21 - Suppliers Who Kept Orders Waiting （注文を待たせたサプライヤー）	注文の処理が遅れた原因となるサプライヤーを特定して供給チェーンの効率を評価します。
Q22 - Global Sales Opportunity （世界規模の売上機会）	売上が小規模な顧客の中から、将来の売上機会を持つ顧客を特定します。

TPC-Hのルールを規定したドキュメントには、ビジネスシナリオとともにこれらを実現するSQLそのものが記載されています。

TPC-H Q8 - National Market Share（国別市場シェア）をDFDに置き換える

TPC-Hの22のSQLの中で「Q8 - National Market Share（国別市場シェア）」は多くのテーブルの結合に加え、サブクエリも使用しているSQLです。このSQLをDFDに置き換えてみましょう。

TPC-H Q8で実際に使用されるSQLは次のとおりです。

図5.1.7：TPC-H Q8 のSQL

```
1  select
2      o_year,
3      sum(
4          case
5              when nation = '[NATION]' then volume
6              else 0
7          end
8      ) / sum(volume) as mkt_share
9  from
10     (
11         select
12             extract(year from o_orderdate) as o_year,
13             l_extendedprice * (1 - l_discount) as volume,
14             n2.n_name as nation
15         from
16             part,
17             supplier,
18             lineitem,
19             orders,
20             customer,
21             nation n1,
22             nation n2,
23             region
24         where
25             p_partkey = l_partkey
26         and s_suppkey = l_suppkey
27         and l_orderkey = o_orderkey
28         and o_custkey = c_custkey
29         and c_nationkey = n1.n_nationkey
30         and n1.n_regionkey = r_regionkey
31         and r_name = '[REGION]'
32         and s_nationkey = n2.n_nationkey
33         and o_orderdate between date '1995-01-01' and date '1996-12-31'
34         and p_type = '[TYPE]'
35     ) as all_nations
36 group by
37     o_year
38 order by
39     o_year;
```

[NATION]には、NATIONテーブルのn_nameに存在しているデータからランダムに指定する。「BRAZIL」など。[REGION]には、REGIONテーブルのr_nameに存在しているデータからランダムに指定する。「AMERICA」など。[TYPE]には、別途定められた3つの要素リストからランダムに指定する。「 ECONOMY ANODIZED STEEL.」など。

from句にはサブクエリが用いられており、TPC-Hのデータモデルで出てきた8つのテーブルのうちPARTSUPPを除く7つのテーブルが登場し、さらにNATIONテーブルに至っては2回登場しています。また、joinを使った構文を用いずにwhere句の中に結合条件が記述されています。そのため純粋な絞り込みの条件は

31行目、33行目、34行目の3つです。

このSQLをDFDで表現してみると次のようになります。

図5.1.8：TPC-H SQL Q8のDFDの例

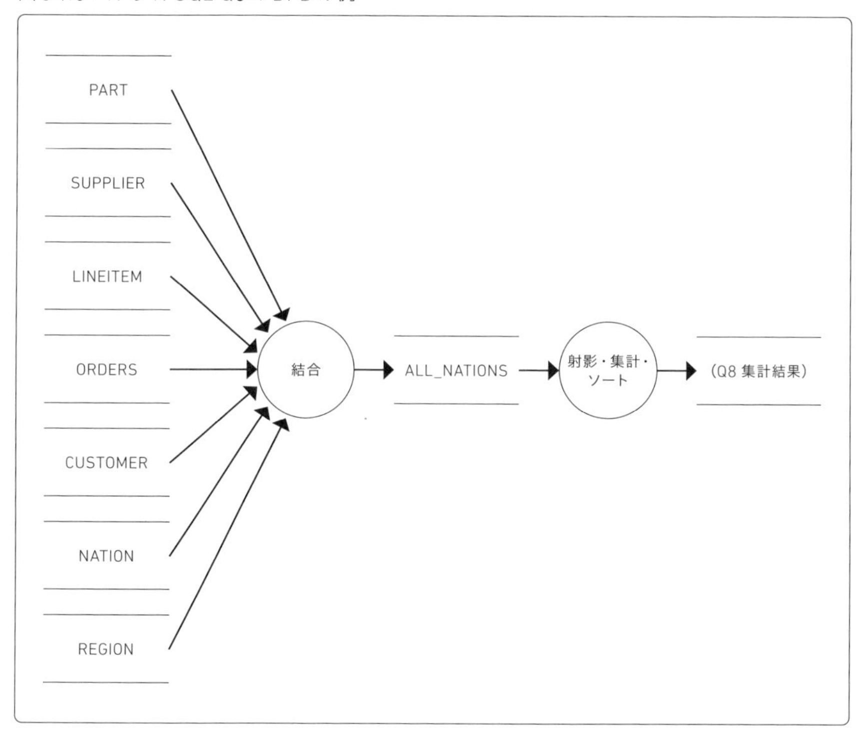

出現するテーブルの数は多いですが、DFDとしてはかなりシンプルなものになりました。

このSQL文の場合、テーブルの結合はすべて内部結合（INNER JOIN）であり、各テーブルからは結合条件によって一致した行のみが選択されます。そのときにSQL文の中に出現するテーブルの順序や結合条件の記述と、実際にどのような順番で結合されるかはRDBMSのオプティマイザ[※3]に依存するため、DFD上でこれ以上

※3　RDBMSのオプティマイザは、SQLクエリを効率的に実行するために最適な実行計画を選択するコンポーネントである。テーブルの統計情報やインデックスの有無、クエリの条件に基づき、アクセスパスや結合順序などを評価する。オプティマイザはコストベースのアプローチを採用し、クエリの実行にかかるリソースを最小限にするような戦略を決定する。最適な計画を選ぶことで応答時間の短縮やシステム全体のパフォーマンス向上が期待できる。

細かく記述する必要はありません。RDBMSによっては結合順序を指定する方法があり[※4]、それをDFDで表現する場合には2つのテーブルの結合結果に対して次のテーブルを結合し、その結果に対してまた別のテーブルを結合するプロセスが出現するようなDFDとなるでしょう。そのような詳細なDFDはレイヤを分けて記述してもよいかもしれません。

SQLをDFDで整理するポイントは3つあります。

1. サブクエリは1つのプロセスで表現し、その出力結果に名前（エイリアス）を与えてデータストアとして表現することです。RDBMSによっては、このQ8のようなSQLではサブクエリに「ALL_NATIONS」のようなエイリアスを付与しなくても構文エラーにはなりませんが、意図的に付与しておくとわかりやすくなります。
2. たくさんテーブルが登場しても同じ階層で結合を行う限り、1つのプロセスに対するインプットとそのアウトプットという形で表現することです。
3. 結合と同時に行われる選択・射影は結合プロセスの詳細として記述するのが原則ですが、あえて独立したプロセスとして表現しても構いません。選択・射影のプロセスを独立させる場合の1つの目安としては、JOIN構文を用いた場合にON句で表現される部分は結合プロセスの仕様として扱い、WHERE句で表現される選択条件指定と射影における列指定や演算処理については選択プロセスの仕様として扱うことです。RDBMSの内部処理としてはオプティマイザに依存するため区別する必要はありませんが、仕様書として人間が理解するうえではこのような分界点で整理してあると理解しやすくなります。

SQLの実行計画とDFDは似ている

RDBMSはSQLを受け取ると、その構文を解析します。その後に効率的な実行順序や処理方法を計画し、最適化された手順にしたがって処理を実行します。この処理計画のことを「実行計画」と呼びます。多くのRDBMSでは「EXPLAIN」コマン

※4　Oracleではヒント句、MySQLではSTRAIGHT_JOIN句やオプティマイザヒント、PostgreSQLではテーブル列挙順と解析階層指定パラメータ（from_collapse_limit、join_collapse_limit）あるいは拡張機能「pg_hint_plan」を使用したヒント句、SQL ServerではFORCE ORDERオプションを使用することで結合順序を調整することができる。

ドに続けてSQL文を記述することで実行計画を確認できます。

図5.1.9：PostgreSQL上でTPC-H SQL Q8の実行計画を取得した結果※5

```
1                                         QUERY PLAN
2  ----------------------------------------------------------------------------------------------------------------------------------
3   Finalize GroupAggregate  (cost=80506.96..80853.28 rows=2405 width=64)
4     Group Key: (EXTRACT(year FROM orders.o_orderdate))
5     ->  Gather Merge  (cost=80506.96..80779.98 rows=2016 width=96)
6           Workers Planned: 2
7           ->  Partial GroupAggregate  (cost=79506.94..79547.26 rows=1008 width=96)
8                 Group Key: (EXTRACT(year FROM orders.o_orderdate))
9                 ->  Sort  (cost=79506.94..79509.46 rows=1008 width=70)
10                      Sort Key: (EXTRACT(year FROM orders.o_orderdate))
11                      ->  Hash Join  (cost=5.64..79456.66 rows=1008 width=70)
12                            Hash Cond: (supplier.s_nationkey = n2.n_nationkey)
13                            ->  Nested Loop  (cost=4.07..79449.48 rows=1008 width=24)
14                                  ->  Hash Join  (cost=3.79..79144.39 rows=1008 width=25)
15                                        Hash Cond: (customer.c_nationkey = n1.n_nationkey)
16                                        ->  Nested Loop  (cost=1.28..79112.91 rows=5039 width=29)
17                                              ->  Nested Loop  (cost=0.86..76728.29 rows=5039 width=31)
18                                                    ->  Nested Loop  (cost=0.43..68906.35 rows=16597 width=23)
19                                                          ->  Parallel Seq Scan on part  (cost=0.00..5233.67
   rows=553 width=6)
20                                                                Filter: ((p_type)::text = '[TYPE]'::text)
21                                                          ->  Index Scan using lineitem_part_supp_fkidx on
   lineitem  (cost=0.43..114.82 rows=32 width=29)
22                                                                Index Cond: (l_partkey = part.p_partkey)
23                                                    ->  Index Scan using orders_pk on orders  (cost=0.43..0.47
   rows=1 width=20)
24                                                          Index Cond: (o_orderkey = lineitem.l_orderkey)
25                                                          Filter: ((o_orderdate >= '1995-01-01'::date) AND (o_
   orderdate <= '1996-12-31'::date))
26                                              ->  Index Scan using customer_pk on customer  (cost=0.42..0.47
   rows=1 width=10)
27                                                    Index Cond: (c_custkey = orders.o_custkey)
28                                        ->  Hash  (cost=2.45..2.45 rows=5 width=4)
29                                              ->  Hash Join  (cost=1.07..2.45 rows=5 width=4)
30                                                    Hash Cond: (n1.n_regionkey = region.r_regionkey)
31                                                    ->  Seq Scan on nation n1  (cost=0.00..1.25 rows=25 width=8)
32                                                    ->  Hash  (cost=1.06..1.06 rows=1 width=4)
33                                                          ->  Seq Scan on region  (cost=0.00..1.06 rows=1 width=4)
34                                                                Filter: (r_name = '[REGION]'::bpchar)
35                                  ->  Index Scan using supplier_pk on supplier  (cost=0.29..0.30 rows=1 width=9)
36                                        Index Cond: (s_suppkey = lineitem.l_suppkey)
37                            ->  Hash  (cost=1.25..1.25 rows=25 width=30)
38                                  ->  Seq Scan on nation n2  (cost=0.00..1.25 rows=25 width=30)
39 (36 rows)
```

1つのプロセスに対して全テーブルがインプットとして描かれているのに対し、実行計画ではより具体的に、どのテーブルに対するアクセスから処理を行っているかが表現されています。また、それぞれの段階で結合の処理方式（Hash Join、Nested Loop）や結合条件、並列処理（Parallel Seq Scan）、ソート処理、さらに索引（Index）の利用の有無、扱っているデータの件数などを表示しています。

コマンドラインで実行すると、このようなテキストベースで階層を示した実行計画が取得できます。GUIクライアントの中には、この実行計画を図として表示する機能※6を備えているものがあります。参考として、PostgreSQL用のGUIクライアント「pgAdmin4」での実行計画のイメージ出力結果を見てみましょう。

※5　PostgreSQLでは、より詳細な実行計画の情報を出力するオプションがあるが、シンプルなEXPLAINコマンドの結果を例示している。
※6　GUIクライアントによる実行計画の図解機能を「Visual Explain」と呼ぶことが多い。内部的にはコマンドベースで実行計画を取得したものから図を生成している。

図5.1.10：pgAdmin 4を使用してTPC-H Q8のクエリの実行計画を実行した結果

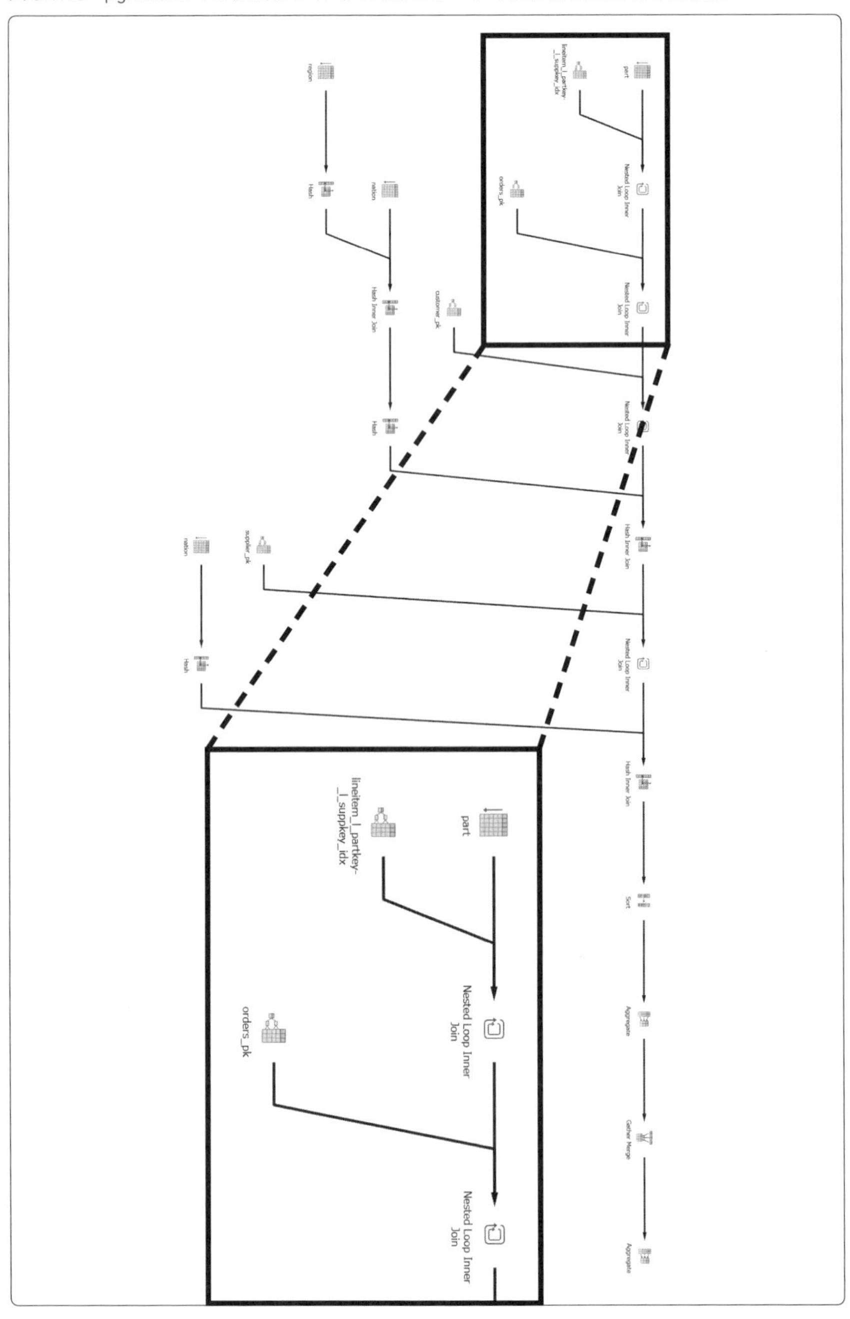

左から右へと処理が進みます。テキストベースの実行計画で最も階層が深い19行目のPARTテーブルへのアクセス、21行目のLINEITEMテーブルへのアクセスが左上に位置しており、この2つのテーブルをインプットとして18行目に相当するNested Loopで結合したものを生成したことが図として現れています。この結果と23行目のORDERS表をインプットとして、17行目に相当するNested Loopで結合結果が生成されています。このようにSQL文では併記されている複数のテーブルについて、一つひとつアクセスしては順番に結合処理していることが表現されています。

必ず1つ以上のテーブルをインプットとして何かしらの処理をした結果をアウトプットし、そのアウトプットを新たなインプットとして次の処理と行うという図になっており、DFDと非常に似通った性質を持つ図となっています。

こうしたことから、SQLはDFDでの表記と非常に相性がよいのです。設計においては、複数のテーブルから生成したいデータについて図解することでSQLのイメージを伝えるときに役に立ちます。保守においてはすでに存在する重厚長大なSQLを図解することで、何をしようとしている処理なのかの認識を共有するのに役立ちます。システム開発の現場では「詳細設計書」と呼ばれるプログラムロジックに近い詳細度の設計書を作成することがありますが、このときSQLに相当する処理は「SQLを日本語の文章で書いただけ」に近いものになりがちです。そのようなときに、DFDによる表現を併用しておくとその処理内容の理解がスムーズになります。

SQLチューニング

筆者らは「データベースエンジニア」として活動しており、データベースの導入や運用支援だけでなく、「SQLの応答速度をもっと高速にしたい」というデータベースの性能改善の依頼に対応する機会が多くあります。SQLはRDBMSがさまざまな内部情報に基づいて実行計画を作成して、その実行計画に基づいて処理されます。年々進化を遂げているRDBMS製品は非常に「賢く」、多くのケースで最も速く効率的に処理可能な実行計画を生成して処理をします。しかし、さまざまな理由で「最適・最速ではない実行計画」が選択されて実行されることがあります。こうしたSQLを最適化することを「SQLチューニング」と呼びます。

SQLチューニングを行うときには、SQL文とその実行計画を基にインデックスは適切に使用されているか？　無駄なデータを読み取っている箇所はないか？　処理順序は適切か？　より高速な結合アルゴリズムは使用できないか？　などの観点で調査します。そしてSQLの修正、インデックスの作成、結合順序や使用するインデックスをオプティマイザに指示する「ヒント句」の設定などを駆使して、より高速な処理を実現していきます。

オンプレミスでのハードウェア調達に時間がかかっていた時代には機材の入れ替え、CPUやメモリの追加調達で性能改善を行うということは稀でした。そのため、SQLチューニングなどソフトウェア的に最適化することで解決することが適切なアプローチでした。最近は、クラウドサービスにおける「マネージドデータベース」が非常に人気です。クラウドサービスではCPUが2倍、メモリも2倍といった基本性能の高い環境へ、簡単な操作で即座に切り替える「スケールアップ」を行うことができます。そのため、SQLの応答性能の問題に直面したときに、SQLチューニングを行わずにスケールアップで対処するケースが増えています。

しかし、クラウドサービスは基本性能を基準とした単価による利用時間課金制を採用し、2倍の基本性能を持つ仮想マシンには2倍の単価が設定されていることがほとんどです。よって、安易なスケールアップはランニングコストの倍増に直結します。

SQLチューニングには、対応のための時間と対応できるスキルを持った人員が必要です。外部の専門家に頼めばその委託費用も発生します。しかし、適切なSQLチューニングで改善効果を得られれば、ランニングコストの増加を回避または縮小することができます。クラウド環境でのスケールアップは高度な知識を必要とせず、即座に問題を解決して外部に依頼するような費用も発生しませんが、ランニングコストは増加します。どちらが正しいということはなく、その応答性能への対価をどう捉えるか、企業活動やそのシステムの位置づけによって判断基準はさまざまです[※7]。

※7　SQLチューニングを試みても改善効果を得られず、性能限界まで使い込んでいるためスケールアップするしかないというケースもある。逆に、スケールアップによってCPUやメモリを増加させても性能がほとんど向上しないこともあり、SQLチューニングを行うしかないというケースもある。

02 DFDをセキュリティ分析に活用する

これまでも説明してきたとおり、DFDはシステム内でデータがどのように移動し、処理され、保存されるかを視覚的に表現するための有力な手法です。DFDは主にシステム開発における業務分析、要求定義、設計の段階で利用されていますが、その有用性はセキュリティ分析の分野にも及びます。とくにシステム内外を移動するデータの流れを明確にすることで、潜在的な脅威やリスクを特定しやすくなります。

セキュリティ分析では重要なデータの保護、外部エンティティとの通信の安全性、データストアの脆弱性など、複数の観点からシステムを評価する必要があります。DFDはこれらの要素を視覚的に整理し、システム全体の構造とデータフローを把握するうえで非常に有用なツールとなります。

ここでは、DFDを活用してセキュリティ分析を行う具体的な手法とその利点について解説していきます。これによりシステムの脆弱性を可視化し、より効果的なセキュリティ対策を講じることができます。

ステップ1：重要な資産の特定

セキュリティ分析において最初に行うべきステップは、システム内で保護すべき重要な資産を特定することです。重要な資産とは攻撃者にとって価値が高く、システムに重大な影響を与える可能性のあるデータやリソースのことを指します。これには個人情報やクレジットカード情報などの機密データ、システムの認証情報、APIキーやトークン、さらにはビジネスに不可欠なシステムログやトランザクション履歴も含まれます。

DFDを用いることでこうした重要な資産がシステム内でどのように流れ、どこに保存され、どのプロセスによって処理されるかを視覚的に特定することができます。たとえば、ユーザーの認証情報がどのプロセスで扱われ、どのデータストアに保存されるか、そして外部エンティティとどのようにやりとりされるかをDFD上で明確に示すことで、資産がどの部分で脆弱になりえるかを理解しやすくなります。

重要な資産を特定する際はそれぞれの資産に対する機密性、完全性、可用性の観点から評価を行うことが推奨されます[※8]。

- **機密性（Confidentiality）**
  権限のないメンバーや不特定多数など許可されていない人に開示、漏えい、盗聴されないこと。暗号化、認証、アクセス制御などの手段が用いられる
- **完全性（Integrity）**
  データが勝手に改ざん、破棄されず、信頼できる正しい情報が提供されること。ハッシュ関数、デジタル署名、監査証跡、アクセス制御などの手段が用いられる
- **可用性（Availability）**
  サービスをいつでも使えること、もしくはサービス稼働時間が長いこと。HA（High-Availability）構成＝システム二重化、クラスタリング、ディザスタリカバリ（Disaster Recovery：災害復旧）サイト構築、エンドポイントセキュリティソリューションなどの手段が用いられる

この評価を基にどの資産が最も攻撃されやすく、どの資産が攻撃を受けた場合に最も大きな被害が出るかを把握し、DFDを通じてリスクに対する重点的な分析を進めることが可能です。

図5.2.1：セキュリティの3要素

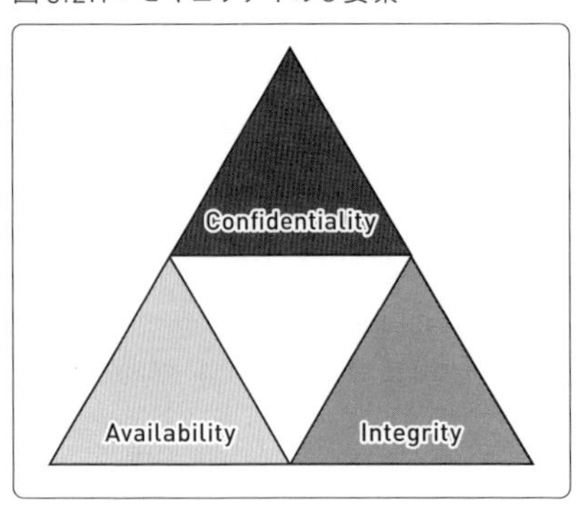

※8　情報セキュリティの3要素である「機密性（Confidentiality）」「完全性（Integrity）」「可用性（Availability）」の頭文字から、「CIA triad」と呼ばれる。

ステップ2：データフローの評価

システム内でデータがどのように移動し、どのプロセスや外部エンティティとやりとりされるかを評価します。データフローの評価ではシステムがどのように内部データを処理し、どの部分で外部との通信が発生するかをDFDを用いて視覚的に示します。これにより、潜在的なセキュリティリスクが存在するポイントを特定しやすくなります。

DFD上でデータフローを評価する際には、次のような点に着目することが推奨されます。

外部エンティティとのやりとり

セキュリティ分析において、システムが外部エンティティ（顧客、取引先、サードパーティサービス、APIなど）とどのようにデータをやりとりしているかを評価することは極めて重要です。外部エンティティとの接続はシステムの外部境界における脆弱性をもたらしやすいポイントであり、データ漏えいや不正アクセスのリスクが増加します。DFDを用いて外部とのデータフローを可視化することで、リスクのある接続点や通信経路を特定して適切な対策を講じることが可能です。

外部エンティティとのやりとりを評価する際には、次の点にとくに注意します。

通信経路の保護と暗号化

外部エンティティとの通信がインターネットなどの公共ネットワークを経由する場合、通信経路の暗号化は不可欠です。たとえば、ユーザーの認証情報や個人情報が外部サービスへ送信される際に、暗号化されていなければデータが途中で傍受される可能性があります。

DFDでは外部との通信が発生するポイントを明確にし、それらが適切な暗号化プロトコルによって保護されているかを確認します。暗号化が不十分な箇所があればその部分を特定し、セキュリティ対策を検討するための手がかりとします。

外部エンティティの認証とアクセス制御

外部エンティティとのデータのやりとりには信頼できる認証手段が必要です。たとえば、APIを介して外部のシステムとやりとりする場合、そのAPIリクエストが適切に認証されているか、またそのエンティティがどの範囲までデータやリソースにアクセスできるかを制限する必要があります。

DFD上で外部エンティティがアクセスするプロセスやデータストアを可視化し、それぞれに適切な認証とアクセス制御が実装されているかを確認します。これにより未認証のアクセスや権限外のアクセスを防止するための改善点を見つけることができます。

外部サービスやサードパーティ依存のリスク

現代のシステムでは、外部のクラウドサービスやサードパーティAPIに依存することが一般的です。たとえば、認証サービスや決済ゲートウェイ、データストレージなどが外部サービスに依存しているケースがあります。しかし、これらの外部サービスが攻撃を受けたり、サービスが停止したりする場合、依存するシステム全体が脆弱になるリスクがあります。

DFDを使ってどのプロセスがどの外部サービスに依存しているかを視覚的に示し、その依存がセキュリティや可用性に及ぼす影響を評価します。必要であれば冗長なシステムや代替手段の検討も行います。

データの境界における監視とログ記録

外部エンティティとのやりとりが発生する境界部分において、データのやりとりを適切に監視し、ログを記録することも重要です。たとえば、APIを経由して行われる外部リクエストの内容や頻度、成功・失敗の状況などをリアルタイムで監視し、異常な活動を検知するための仕組みが求められます。

どこで外部とデータフローが交差し、どの段階でログ記録や監視が必要か。それらをDFD上に明示し、セキュリティ監視体制の強化を検討します。

データの出入りの適切な管理

外部エンティティから送られてくるデータがシステムに直接取り込まれる際、マルウェアや不正なデータが紛れ込む可能性があります。たとえば、ファイルのアップロード機能を持つ外部ユーザー向けのプロセスでは、アップロードされたファイルにウイルスや悪意のあるコードが含まれているかをチェックする必要があります。

DFDを通じて外部から取り込まれるデータのフローを明確にし、データを受け取るプロセスに適切な検証やフィルタリングが行われているかを確認します。

図5.2.2：外部エンティティとの接点に着目する

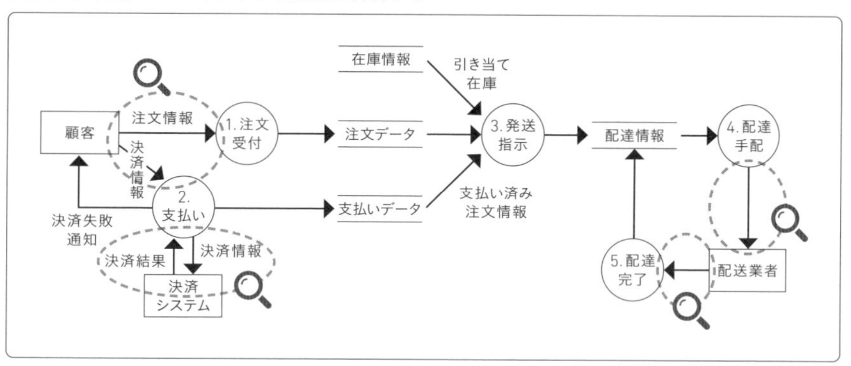

このように外部エンティティとのやりとりをDFDで可視化することで、セキュリティ上の潜在的な脆弱性を明確にし、通信経路の暗号化、認証とアクセス制御、外部依存のリスク管理などの対策を適切に設計・実施するための基盤を提供します。

DFDという表記法それ自体には通信方式を表記しませんので、DFDで該当箇所を特定してデータフローやプロセスに対応したミニ仕様書上に通信方式、認証方式、暗号化方式、通信障害など処理例外が発生した場合の対応方式などが明記されていることを確認します。

機密データの移動

システム内での機密データの移動はセキュリティ分析において最も重要なポイントの一つです。個人情報、クレジットカード情報、医療記録、機密のビジネスデータなどが外部に漏えいした場合に大きな影響を与えるデータは厳重に保護されなければなりません。

DFDを用いることでこれらの機密データがどのプロセスを通り、どのデータストアに格納され、どのような外部エンティティとやりとりされるかを視覚的に明確にします。これによりセキュリティリスクを評価することができます。

機密データの移動を評価する際に注目すべきポイントは次のとおりです。

データの暗号化と保護

機密データがシステム内を移動する際、常に暗号化されているかを確認することが重要です。たとえば、データがシステム内のプロセス間や外部エンティティに送信される際、そのデータが暗号化されずに移動している場合は途中で傍受されるリスクが大きくなります。

DFD上で機密データの流れを可視化することにより、どの部分でデータが移動しているかが明確になります。そしてその仕様を確認することで、暗号化が適切に行われているかを確認できます。とくにTLSやHTTPSなどの通信暗号化プロトコルが使用されているか、保存時にデータが暗号化されているかも評価の対象です。

データの保存場所の特定

機密データがどのデータストアに保存され、どのように保護されているかを明確にすることはリスクを軽減するために不可欠です。

DFDを通じて、機密データがどのデータベースやファイルシステムに保存されるかを追跡することで、データストアが適切なセキュリティ対策（例：データベース暗号化、アクセス制御、バックアップ）を持っているかを評価できます。また、保存データが使用されていない場合でも、保管時の暗号化やデータマスキングといった保護が行われているかを確認する必要があります。

データフローのアクセス制御

機密データにアクセスできるプロセスやユーザーは、最小限に制限されるべきです（最小権限の原則[※9]）。

DFDを通じて、どのプロセスがそのデータを扱うかを視覚的に示すことができます。DFD上で機密データにアクセスするプロセスを特定することで、その詳細仕様を調べるべき対象を効率的に絞り込めます。

※9　最小権限の原則とは、システムの利用者やプログラムに対し、業務や機能の遂行に必要な最小限の権限のみを与える設計方針である。これにより、不正アクセスや誤操作による被害を最小限に抑えることができる。

不必要なアクセス権が付与されていないかを確認して、必要に応じてアクセス制御を強化することで、データの不正アクセスや漏えいを防ぐ対策を講じることが可能です。たとえば、あるプロセスが本来必要のない機密データにアクセスしている場合、そのプロセスに対するアクセス権を見直すべきです。

データの移動にともなう脅威の特定

機密データがシステム内で移動する際、データの途中で不正に改ざんされたり、傍受されたりするリスクが存在します。とくにシステム内の複数のプロセスや外部サービスを経由するデータフローでは、各移動経路での脅威を個別に分析することが必要です。

DFDはこれらの移動経路を視覚化し、どの経路がとくにリスクが高いか、どこで不正アクセスが発生しやすいかを明確にするために役立ちます。たとえば、外部ネットワークに依存する場合、その経路が安全かどうかを検証して必要に応じて追加の暗号化や認証手段を実装します。

第5章

データの出力と共有の管理

機密データがほかのシステムや外部エンティティに送信される際、その送信プロセスや手段が安全であることを確認することも重要です。

DFDでは機密データがシステムから出る場所を視覚的に示すことができるので、関連する仕様を調べてデータ送信時に適切なセキュリティ対策（例：暗号化、サニタイズ、データフィルタリング）が講じられているかを検証します。また、送信先が信頼できるか、適切な認証や許可が行われているかも確認すべきです。これによりデータが正規の送信先にのみ渡され、不正な第三者に誤って送信されることを防ぐことができます。

このように機密データの移動をDFDで詳細に分析することで、暗号化の適用、データ保存場所の保護、アクセス制御の強化、データ移動経路のリスク評価、外部へのデータ共有の適切な管理といった機密データの安全性を確保するための具体的な対策が可能となります。

実際にどのようなデータが流れ、処理されるかという詳細はDFD上では表記しきれず、データディクショナリやミニ仕様書といった付帯資料に頼ることになる場合が多くあります。しかし、DFD上に表記されるデータストア名、プロセス名、データフロー名を工夫することによって、仕様書を洗いざらい読み込んで調査することに比べて効率的に調査対象を絞り込むことが可能になるでしょう。

図5.2.3：機密データを扱う箇所に着目する

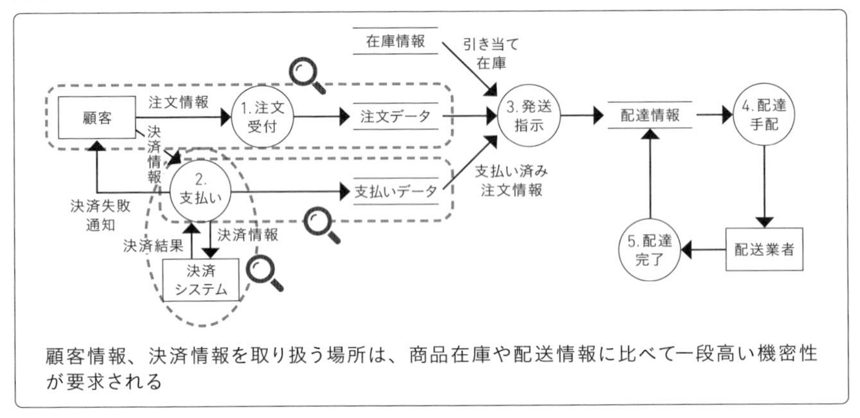

顧客情報、決済情報を取り扱う場所は、商品在庫や配送情報に比べて一段高い機密性が要求される

内部プロセスの相互作用

システム内の各プロセスがどのようにデータをやりとりし、相互に依存しているかを評価することはセキュリティリスクを軽減するために極めて重要です。DFDを用いてプロセス間のデータフローを可視化することで、データの受け渡しが正しく行われているか、不必要なデータ共有が発生していないか、脆弱なポイントが存在しないかを詳細に検証することができます。

たとえば、複数の内部プロセスがデータベースと連携している場合、それぞれのプロセスが適切なアクセス権限を持っているか、無駄なデータアクセスが行われていないかを確認します。具体的な観点を次にあげます。

プロセス間の境界とアクセス制御

プロセス間のデータのやりとりにおいて、各プロセスがアクセスできるデータや機能は最小限に制限することが望ましいです。たとえば、あるプロセスが機密情報を処理する際、その情報にアクセスするのは特定の認証済みプロセスだけであるべきです。

DFD上で各プロセスがどのデータにアクセスし、どのデータをほかのプロセスに渡しているかを可視化することで過剰な権限が割り当てられていないかを確認できます。

相互作用の正当性の検証

プロセス間の通信が期待されたものであり、不要なデータ交換や非公式なチャネルを通じたデータフローがないかを確認することが重要です。たとえば、あるプロセスがほかのプロセスに対して不必要に機密情報を送信している場合、それはセキュリティリスクとなります。

DFDではプロセス間のデータフローが本来必要な範囲であるか、データが目的に合った形で交換されているかを評価するために役立ちます。

プロセス間のデータフローの暗号化

プロセス間でデータが送信される際、そのデータフローが暗号化されているかどうかも重要な検討事項です。内部プロセスであってもデータが平文[※10]で送信されると内部の脅威（例: 悪意のある内部ユーザーやマルウェア）による攻撃を受けやすくなります。

DFDを用いてプロセス間のデータフローが暗号化されているか、セキュリティ対策が十分かどうかを評価します。

プロセスの依存関係による脆弱性の特定

プロセス間の依存関係が強すぎると、一部のプロセスが攻撃されるだけで全体のシステムに影響が及ぶことがあります。たとえば、あるプロセスが停止したり破損したりした場合、そのプロセスに依存するほかのプロセスも機能しなくなる可能性があります。

DFDでプロセス間の依存関係を明確にし、依存関係が脆弱性につながっていないかを評価することが重要です。これにより依存関係の改善や冗長化の検討が可能になります。

いずれもDFDという図の中だけでは表現しきれない情報に基づく評価も必要となり、データディクショナリやミニ仕様書といった付帯資料も含めて確認、評価を行うことになります。しかしDFDという視認性に優れた図によって、こうした評

※10 「平文」とは、暗号化や変換が施されていないそのままのデータのこと。例えば、パスワードを平文で保存したり送信したりすると、盗聴、漏洩（ろうえい）のリスクが高くなる。

価作業の対象を効率的に特定することができるのです。

ステップ3：潜在的な脅威の特定とリスク軽減策の導入

DFDを用いたセキュリティ分析の最終ステップは、潜在的な脅威を特定してそれに対する適切なリスク軽減策を導入することです。このステップではシステム内外で発生しうるセキュリティリスクを洗い出し、各リスクに対して具体的な対策を立てることが目的となります。DFDによりデータの流れや処理が可視化されているため、脅威が発生する可能性のあるポイントを明確に特定し、それぞれに適したセキュリティ対策を検討することが可能です。

潜在的な脅威の特定

DFDを使ってシステムのデータフローを視覚的に分析することで、脅威が発生しうるポイントを特定できます。次のような潜在的な脅威を識別します。

データの不正アクセス

とくに外部エンティティとのやりとりやインターネットを介した通信では、不正なアクセスが発生するリスクがあります。データフローの中で認証やアクセス制御が不十分な箇所があれば、そこが不正アクセスのターゲットとなる可能性が高まります。

DFDによって外部エンティティと接続しているプロセスやデータストアを可視化し、未認証のアクセスが発生しないよう、セキュリティの強化を検討します。

データの改ざん

システム内のプロセス間でデータが移動する際に、データが改ざんされるリスクがあります。とくにデータが複数のプロセスや外部サービスを経由する際、データの整合性を維持するための対策（例：デジタル署名やチェックサム）が不足している場合、改ざんの可能性が高まります。

DFD上でプロセス間のデータフローを追跡し、どの部分で改ざんが発生しやすいかを特定します。

データ漏えい

機密データが適切に保護されずに外部エンティティに送信されたり、内部の不正ユーザーにより意図的に漏えいされたりするリスクがあります。とくにデータの保存場所や外部との通信経路が暗号化されていない場合、このリスクが高まります。

DFDを使って機密データの移動経路を可視化し、その経路に沿ってデータ保護が十分に行われているかを確認します。

サービス拒否攻撃（DoS攻撃）

システムの重要なプロセスや外部からのリクエストが大量に発生することでシステム全体が停止したり、処理能力を超える負荷がかかったりすることもリスクです。

DFDを用いてどのプロセスが大量のリクエストにさらされやすいかを特定し、それに対してどのような防御策（例：レートリミッティング、キャッシュ）が必要かを検討します。

第5章

リスク軽減策の導入

潜在的な脅威が特定された後は、それに対するリスク軽減策を適用してシステムの安全性を強化します。具体的なリスク軽減策には次のようなものがあります。

暗号化の適用

機密データの移動や保存に関して、暗号化を導入することでデータ漏えいや改ざんのリスクを軽減します。とくにTLS / SSLによる通信の暗号化やデータベースの暗号化は有効な手段です。DFDに基づいて暗号化が不十分なデータフローを特定し、それらに対して暗号化を施すことでセキュリティを向上させます。

アクセス制御の強化

データにアクセスできるユーザーやプロセスを最小限に制限し、最小権限の原則を適用します。これにより不正アクセスや不正操作のリスクを最小限に抑えます。DFDで特定したアクセス可能なポイントに対して強固な認証や認可を設定し、機密データや重要プロセスへの不必要なアクセスを防ぎます。

監視とログの導入

セキュリティ脅威をリアルタイムで検出するために、システム内の重要なプロセスやデータストアに対して監視機能を導入します。とくに不正アクセスや異常なデータ操作が発生した際には、即座にアラートが上がるように設定します。また、詳細なログを記録して定期的に分析することで、潜在的な脅威を早期に発見することができます。

脆弱性のテストと改善

システムのセキュリティに関する脆弱性を定期的にテストし、問題が見つかった場合は速やかに修正します。DFDで明示されたデータフローやプロセスに基づき、優先的にテストすべき箇所を特定し、脆弱性が存在しないかを確認します。

継続的なセキュリティ管理

セキュリティリスクは常に変化していくため、リスク軽減策の導入後も継続的にシステムを監視し、新たな脅威に対して迅速に対応することが求められます。DFDはシステムの全体像を常に最新の状態に保ち、セキュリティ管理の基盤として役立ちます。また、新たなプロセスや機能が追加された場合にはDFDを更新し、その変更点に基づいてセキュリティリスクを再評価することが重要です。

DFDとセキュリティとCRUD、CQRSの関係

DFDを描き起こすとデータストアに対する読み書きを行うポイントが明確になります。ここで、CRUD（Create、Read、Update、Delete）操作を整理した「CRUD図」を作成しておくことも多いでしょう。

CRUD図はシステム内でどの機能がどのデータをどのように操作しているかを一目で確認できます。そのため、システム開発の関係者間での共通理解を促してデータの取り扱いに関する設計ミスを防ぐうえで役に立ちます。また、データの整合性や完全性の確認手段としても有用で、たとえば、とあるテーブルに対して削除を行う機能が一切存在していない場合、そのテーブルは無限に増幅する可能性があるというリスクを見つけ出すことができます。さらに、セキュリティの観点でもこのCRUDの操作が整理されていることの影響は大きいです。これらを適切に制御し、リスクを軽減することが必要です。さらに近年では、CQRS（コマンド クエリ責務分離）パターンを適用してデータ操作を管理するアーキテクチャが増えており、この設計手法を活用することでセキュリティとパフォーマンスを強化することができます。

ここではDFDとCRUD図、CQRSといった観点を組み合わせてセキュリティを強化するアプローチについて触れます。

表5.2.1：CRUD図の例

	テーブルA				テーブルB				テーブルC				…
	C	R	U	D	C	R	U	D	C	R	U	D	…
機能A	○					○				○			…
機能B		○	○			○				○	○		…
機能C				○		○		○					…
⋮	⋮	⋮	⋮	⋮	⋮	⋮	⋮	⋮	⋮	⋮	⋮	⋮	…

CQRS（コマンド クエリ責務分離）とは

CQRSはシステムの「書き込み（コマンド）」と「読み取り（クエリ）」の操作を分離するアーキテクチャパターンです。これはシステムの複雑さが増した際に、データの変更（コマンド）と参照（クエリ）を別々のモデルで扱うことにより、スケーラビリティやパフォーマンスの向上を図るものです。DFDでこのアプローチを可視化することでセキュリティ分析においてもデータ操作の責務が明確になり、リスクポイントを効果的に管理できるようになります。

図5.2.4：CQRSのイメージ

単一データストアにおけるCQRS

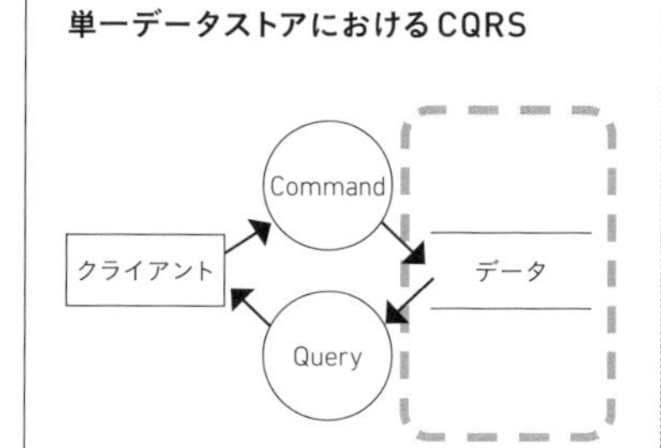

Command（更新）とQuery（参照）で、異なるデータモデルでアクセスする。この際、違いが表れるのは「データフローのフォーマット≒データモデル」のみ

複数データストアにおけるCQRS

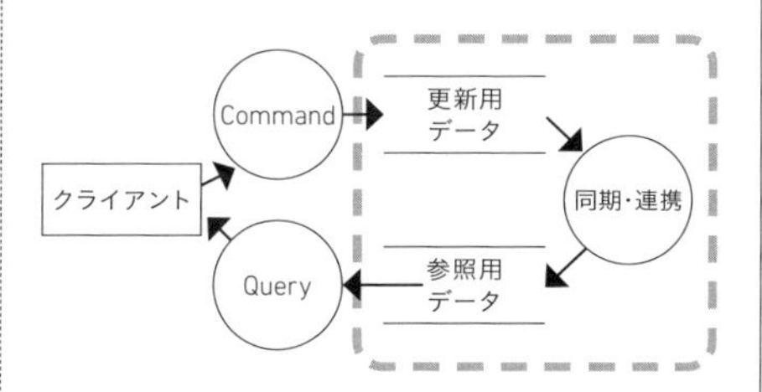

Command（更新）とQuery（参照）で、異なるデータストアにアクセスする。イベントソーシングなどを取り入れ、更新用のデータストアに書き込まれた内容を参照用のデータストアに反映する仕組みが必要となる

CRUDとCQRSの融合

従来のCRUD操作ではシステム内でCreate、Read、Update、Deleteが同一のデータモデルに対して行われますが、CQRSを適用すると読み取り操作（クエリ）と書き込み操作（コマンド）が異なる経路やデータモデルで管理されます。DFDを用いることでこれらの操作がどのプロセスで実行されているかを明確に視覚化し、それぞれに特化したセキュリティ対策を講じることが可能です。

Create（データ生成）におけるリスクとCQRSのアプローチ

「Create（データ生成）」操作はシステム内に新しいデータを入力するプロセスであり、入力データの信頼性と検証が重要です。CQRSのコマンド部分ではデータの整合性を維持するために厳格なバリデーションと認証プロセスが導入することにより、入力データの不正な挿入や不正データの生成リスクが軽減されます。DFDを用いてデータ生成のフローを詳細に表現し、コマンドパスにおけるセキュリティ対策が十分に施されているかを確認します。

Read（データ取得）におけるリスクとCQRSのアプローチ

「Read（データ取得）」はデータの参照を意味し、とくに機密情報の漏えいリスクが高い操作です。CQRSを適用することでクエリ部分において読み取り専用のデータストアやキャッシュを利用することができ、書き込み操作と分離することでデータへの不正アクセスや改ざんリスクを軽減できます。DFDでクエリのデータフローを視覚化することで、アクセス制御や認証メカニズムが適切に設定されているかを確認し、セキュリティリスクの発見につなげます。

Update（データ更新）におけるリスクとCQRSのアプローチ

「Update（データ更新）」操作はデータの改ざんや誤変更のリスクをともないますが、CQRSのコマンドパスでは更新操作が厳密に管理されてデータの変更履歴を保持したり、イベントソーシングの導入で変更を逐一記録したりすることで、不正な変更や改ざんを防ぐことが可能です。DFDでUpdateフローを可視化し、変更操作の監視ポイントや履歴管理が適切に実装されているかを確認します。これにより予期しないデータ変更が発生しないように対策を講じます。

Delete（データ削除）におけるリスクとCQRSのアプローチ

「Delete（データ削除）」はデータが完全に消去されずに残存するリスクが存在します。とくに法的要件や規制に基づく完全なデータ削除においては、データが復元されないことが重要です。CQRSを適用することで削除操作もコマンドパスで厳格に管理され、削除操作のトランザクションが確実に完了するように設計できます。DFDを使ってDeleteフローを追跡し、データが安全に消去されるプロセスが確立されているかを確認します。

CQRSを活用したセキュリティ強化の利点

CQRSを活用することでシステムのセキュリティ対策が次のように強化されます。

1. 書き込み（コマンド）と読み取り（クエリ）の分離によるリスク軽減

コマンドとクエリを分離することで、異なる攻撃の手口に対して異なるセキュリティ対策を適用できます。とくに機密データへのアクセスや操作が限定されることでシステム全体の安全性が向上します。

2. スケーラビリティとパフォーマンスの向上

クエリ操作が分離されたデータモデルやキャッシュを使用するため、パフォーマンスが向上してスケーラブルなセキュリティ対策が可能になります。大量の読み取りリクエストに対しても、データ整合性を維持しながら効率的に処理できます。

3. 変更履歴の管理とイベントソーシング

コマンドパスでのイベントソーシングの導入によりすべてのデータ操作が記録され、過去の変更履歴を追跡することができます。これにより、不正な操作や改ざんが発生した場合の追跡が容易になり、システム全体の透明性が向上します。

CQRSのアーキテクチャはDFDと組み合わせることでデータ操作の責務を明確にし、各操作に対するセキュリティ対策を強化することができます。とくにCRUD操作がシステムの異なる部分でどのように行われているかを可視化することで、セキュリティのリスクを適切に特定して対策を講じることが可能になります。

まとめ

DFDそれ自体は、セキュリティ強化のための具体的な手法そのものをダイアグラム上に表現することはありません。セキュリティについての具体的な記述は、プロセスにひもづくミニ仕様書に記述されていることになるでしょう。しかし外部との接点、機密データの所在やデータの流れといったものはダイアグラム上に確実に表現されています。そうした特性は対象システムのセキュリティを評価したり、強化を検討したりするうえで詳細調査が必要となる対象を効率的に特定することを可能とします。セキュリティ分析という目的においてDFDは「視覚的な索引」とも言えるでしょう。

また、この「外部との接点を明示している」「機密データが流れるフローを表している」という特性はセキュリティテストのためのシナリオを検討したり、ウォークスルーによる検証を行ったりするケースでも役に立つでしょう。システムの全体像を示しつつ階層的に整合性が管理されたDFDは、戦略シミュレーションゲームの地図のように、どこからどのように攻めていくかを視覚的に共有することができるのです。

03 ロバストネス図に発展させる

ロバストネス図とは

ロバストネス図の概要

ロバストネス図（Robustness Diagram）はソフトウェア設計の初期段階において、システムの主要な振る舞いや構造を視覚的に表現するためのツールです。とくにシステムの機能を高レベルで整理し、どのようなオブジェクトがどのように相互作用するのかを明確にするために使用されます。ロバストネス図はシステムの要件分析から設計へと進む過程で、各プロセスがどのように関連し、システム全体がどのように動作するのかを理解する手助けとなります。

現在のオブジェクト指向設計開発においてはUMLを用いて設計を行うことが多いですが、UMLそのものには設計開発プロセスの定義がなく、別途UMLを用いたプロセスがいくつか存在しています。この設計開発プロセスとして有名なものとして、ラショナル統一プロセス（RUP)、エクストリーム・プログラミング（XP)、アジャイルソフトウェア開発などがありますが、ロバストネス図はそれらが登場する以前から存在する「ICONIX」において使用される図解法の一つとして定義されています。逆に、ロバストネス図は現在主流であるUMLの14のモデルには含まれていません。

ロバストネス図は「ユースケースと詳細設計の間を橋渡しする役割を持つ図」と言われています。ユースケース図がビジネス寄りの機能として「何をするか」を明示する一方で、ここから「どのように」実現するかを設計するためにクラス図やシーケンス図を書き起こすのには大きなギャップがあります。この間を埋める手段としてロバストネス図が役に立つのです。

図5.3.1：ロバストネス図のイメージ

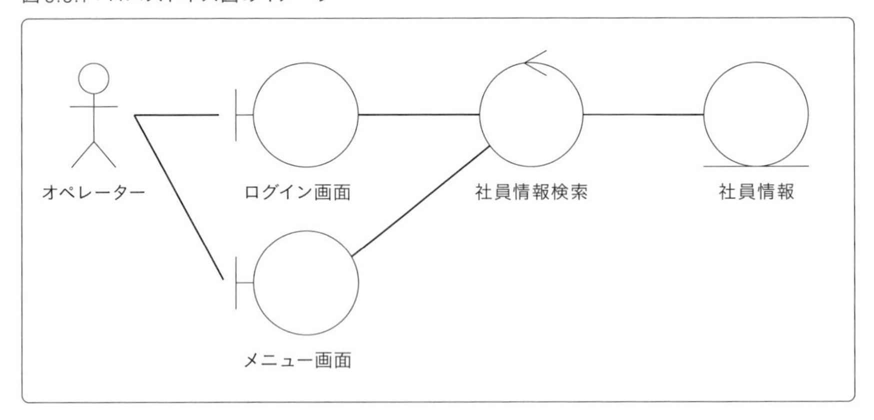

ロバストネス図の特徴

ロバストネス図はシステムの設計を抽象化しつつも、必要な詳細を含んだ設計図を作成するために次の4つの主要な要素を用いて構成されます。

- **バウンダリ（Boundary）**
  システム外部とのインターフェースやユーザーが直接操作する画面やAPIを表す。ユーザーや外部システムからの入力を受け取る役割を果たす。これにより、システムの外部とのやりとりがどこで発生するかを視覚的に捉えることができる
- **コントロール（Control）**
  ビジネスロジックやプロセスフローを管理する要素。入力を受け取り、適切なエンティティにデータを渡し、処理の流れを制御する。ロバストネス図ではこのコントロールが各オブジェクトやデータフローの調整役として機能する
- **エンティティ（Entity）**
  データやオブジェクトそのものを指す。システム内の情報を保持し、処理の対象となるデータを管理する。たとえば顧客情報、商品データ、注文データなど、システムの中心となるデータがこれに該当する
- **アクタ（Actor）**
  UMLのユースケース図で用いるアクタと同じ。ユーザーであったり、システムであったりする

図5.3.2：ロバストネス図の要素記号

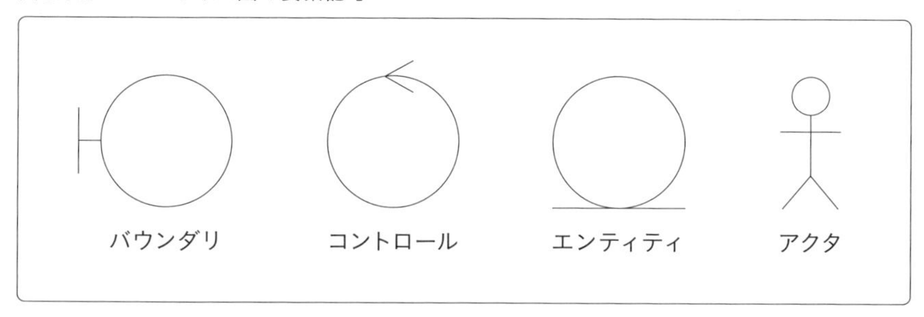

4つの要素をつなぐ線は「関連」と呼びます。矢印を使用したりしなかったりしますが、矢印の有無や向きについては「こだわらない」ということになっています※11。

ロバストネス図の目的

ロバストネス図の主な目的は、システムの要件や機能を具体化する過程で、設計の初期段階からシステムの堅牢性（robustness）を向上させることです。システムの振る舞いをモデリングすることで次のような利点が得られます。

- **要件の整理と確認**
  要件定義段階でシステムの主要な機能を視覚的に整理することで、関係者全員が同じ理解を共有しやすくなる。これにより要件の抜け漏れや誤解を未然に防ぎ、開発の初期段階でのトラブルを回避できる
- **システムの抽象的な振る舞いの可視化**
  ロバストネス図はシステムの動作を具体的な設計に落とし込む前に、その全体像を俯瞰（ふかん）するために役立つ。各機能がどのように相互作用するか、どのようにデータが流れるのかを簡潔に表現することで設計の見落としを防ぐ
- **プロセスとオブジェクトの役割の明確化**
  バウンダリ、コントロール、エンティティの3要素を使用することで、システム内の各プロセスやオブジェクトの役割を明確にできる。これにより、開発者は具体的な役割分担に基づいた効率的な設計と実装が可能になる

※11 『ユースケース駆動開発実践ガイド』（翔泳社）

ロバストネス図が適用されるシーン

ロバストネス図は、主に要件定義フェーズから設計フェーズへと移行する際に活用されます。具体的には次のようなシーンでとくに有効です。

- **システムの大まかな設計**：詳細な設計に入る前に、システム全体の構造やデータフローをざっくりと把握する段階に適している。各機能がどのように結びつくかを理解し、システムの構成要素を整理するためのガイドとなる
- **要件の確認とレビュー**：ステークホルダーとシステム設計をレビューする際、ロバストネス図は専門知識がない人にも比較的理解しやすい視覚表現を提供する。これにより技術的な要件だけでなく、ビジネス要件やユーザー視点の要件の確認がスムーズに行える
- **ビジネスロジックの整理**：システムのビジネスロジックを整理し、どのデータがどのプロセスでどのように使われるかを明確にする際、ロバストネス図が役立つ。これにより設計段階での矛盾や抜け漏れが減少し、より効率的なシステム設計が可能になる

ロバストネス図は、システム開発において要件の整理と設計の橋渡しをする重要なツールです。システム全体の振る舞いやデータフローをシンプルに表現することで関係者間のコミュニケーションを円滑にし、設計の初期段階から堅牢で効率的なシステムを作り上げるための基盤を提供します。この図はとくにシステムの複雑さが増す場合や、設計の整合性が求められるプロジェクトにおいてその効果を最大限に発揮します。

DFDとの比較

ロバストネス図とDFDはどちらもシステムの動作を視覚的にモデル化する手法ですが、それぞれの目的や表現する要素が異なります。ここでは両者を比較し、それぞれの特徴や使いどころを明確にします。

モデリングの目的と視点

DFDはシステム内のデータの流れに焦点を当て、どのようなデータがどのプロセスを通過し、どこに保管されるかを視覚的に表現します。データの入力と出力を明示し、システム全体の情報の流れを理解することに適しています。主にビジネスプロセスや情報システムのデータ処理に重点を置いており、開発初期の要件定義や業務フローの設計に使用されることが多い表記法です。

一方、ロバストネス図はシステムの動作をより詳細に捉えます。とくにシステムの構造や振る舞いをモデル化し、境界（ユーザーや外部システム）、エンティティ（データやオブジェクト）、制御（システムの機能）という3つの要素に注目します。この図はシステムの役割分担を明確にし、開発の詳細設計や実装段階で役立ちます。

図5.3.3：ロバストネス図のイメージ（再掲）

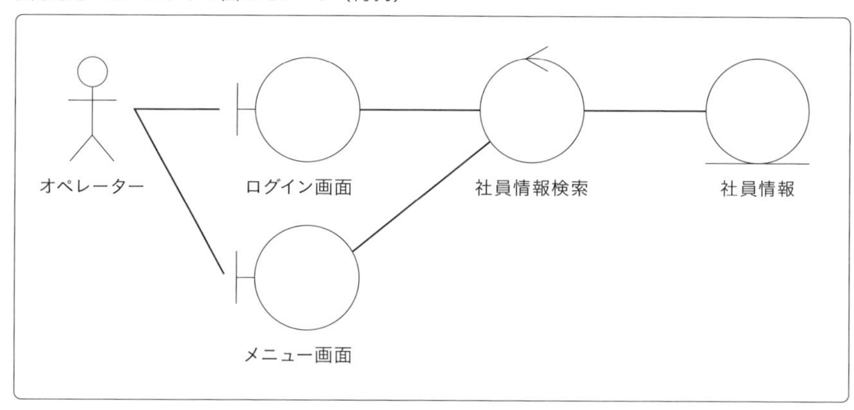

表現の抽象度と粒度

DFDはシステム全体を抽象的に表現してデータの流れに焦点を当てるため、比較的簡潔な図を作成できます。一方で、個々のプロセスの詳細や内部構造についてはあまり触れません。そのため、システムの初期設計や概念的なモデルとして使用されることが多いです。これまで解説してきたとおり、処理の詳細はDFD上のプロセスにひもづく「ミニ仕様書」に記載することとなります。

ロバストネス図は、システムのより詳細な設計をサポートするため、プロセスの内部構造や振る舞いに関する情報を盛り込みます。オブジェクト指向の設計やクラス図、シーケンス図など、ほかのUML図と密接に連携し、システムの動作を具体的に表現することができます。そのため、設計や実装フェーズでより役立ちます。

ロバストネス図とDFDの対応関係

このように、DFDもロバストネス図も要件定義から設計段階で用いられることが多いという共通点があります。また、ロバストネス図の方がその図の中でより詳細な表現が可能であること、オブジェクト指向設計開発との相性がよいという特徴を持ちます。この2者は相反するものではなく、相互補完的に使用することができます。具体的には、DFDで整理したものをロバストネス図へ移行・展開するといった使い方ができます。

DFDとロバストネス図の要素の間には直接的な対応関係はないものの、ある程度概念的に対応させることができます。両者は異なる視点でシステムを表現しますが、それぞれの要素がどのように関連しうるかを次に示します。

DFDの「プロセス」⇔ ロバストネス図の「コントロール（制御）」

DFDの「プロセス」はデータを処理する機能や操作を表します。これはシステム内で実行される具体的なアクションや操作に対応します。

ロバストネス図の「コントロール」はシステム内で行われる処理や操作を管理する要素です。システムの中で特定のアクションを制御・管理する役割を果たします。

両者はどちらも「システム内で何かを行う」という機能にフォーカスしており、概念的に対応しています。

図5.3.4：「プロセス」と「コントロール」の記号

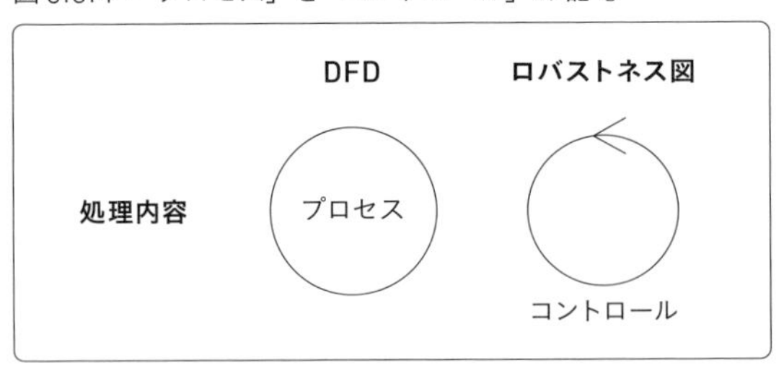

DFDの「データフロー」⇔ ロバストネス図の「関連」

DFDの「データフロー」はシステム内を移動するデータの流れを表します。プロセスやデータストア、外部エンティティの間をデータがどのように移動するかを示す要素です。

ロバストネス図の「関連」はシステム内の要素間でやりとりされる情報やアクションです。コントロール、エンティティ、バウンダリ間でメッセージとして情報が交換されます。

両者はシステム内のデータや情報の移動を表現するという点で対応しています。ただし、DFDの「データフロー」は矢印の向きについて厳密であるのに対して、ロバストネス図の「関連」は矢印の向きにこだわりはなく、矢印さえも表現しないことがあり、より緩やかな表現であるといった違いがあります。

DFDの「データストア」⇔ロバストネス図の「エンティティ」

DFDの「データストア」はシステム内でデータが保存される場所です。データベースやファイルシステムなどを指し、データの蓄積と管理に関する部分です。

ロバストネス図の「エンティティ」はシステム内で操作対象となるデータやオブジェクトを表します。これは具体的なデータやオブジェクトそのものを指す場合もあります。

両者はシステムにおける「データそのもの」や「データを保持する役割」を持つ要素として概念的に対応します。

図5.3.5：「データストア」と「エンティティ」の記号

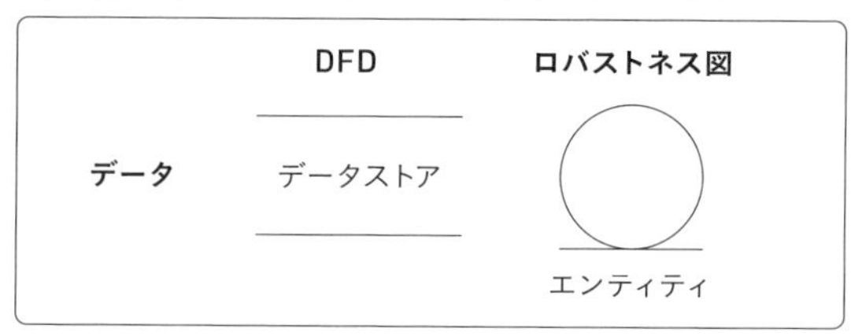

DFDの「外部エンティティ」⇔ロバストネス図の「バウンダリ（境界）」と「アクタ」

DFDの「外部エンティティ」はシステム外部からデータを提供したり、システムからデータを受け取ったりする要素です。これはユーザーや外部システム、ほかのアプリケーションなどを表します。

ロバストネス図の「バウンダリ[※12]」はシステムと外部のインターフェースに特化したプロセスに相当し、ユーザーや外部システムとのやりとりを視覚化します。

※12　「バウンダリ」は、便宜上「外部エンティティの対概念」として整理したが、その実態は「インターフェース専用のプロセス」に相当するものである。

ロバストネス図の「アクタ」はシステムを利用するユーザーや外部のシステムを表し、バウンダリの外に存在します。

両者はシステムと外部のやりとりを表現する要素であり、外部のエンティティがデータを送受信する部分に対応しています。

図5.3.6：「外部エンティティ」と「アクタ」・「バウンダリ」の記号

このようにDFDとロバストネス図は直接的に1対1で対応しているわけではありませんが、システム内での役割や視点に応じて概念的に関連づけることができます。DFDはデータの流れを強調し、ロバストネス図はオブジェクト指向設計に基づくシステムの振る舞いと構造を重視しているため、使う目的に応じて視点が異なります。

図5.3.7：DFDとロバストネス図の対応関係

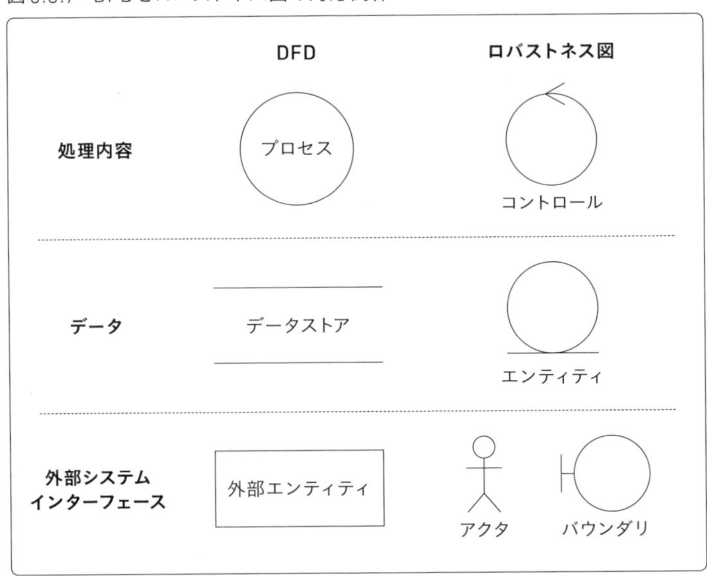

ロバストネス図の表記上のルール

ロバストネス図の要素は前述のとおりですが、その要素同士の関連を線で結んで表現するにあたってはルールが存在しています。

1. アクタはバウンダリに対してのみ関連線を引くことができる

ユーザーや外部システムは、画面やAPIなどのインターフェースを通じてシステムにアクセスするということです。内部の動作やデータに直接アクセスできません。

2. バウンダリはコントロールとアクタに対してのみ関連線を引くことができる

バウンダリの訳語は「境界」です。画面やAPIのようなインターフェースであると同時に、その境界面から直接データ＝エンティティにアクセスできません。

3. エンティティはコントロールに対してのみ関連線を引くことができる

データであるエンティティは、アクタやバウンダリから直接アクセスされないことで外部から保護されます。

4. コントロールはコントロール同士、バウンダリ、エンティティに対してのみ関連線を引くことができる

コントロールはデータであるエンティティやインターフェースであるバウンダリとの間に入り、データの流れやほかの処理を制御する役割を担います。1、2のルールのとおり、アクタに直接アクセスすることはありません。

図5.3.8：ロバストネス図の関連線表記ルール

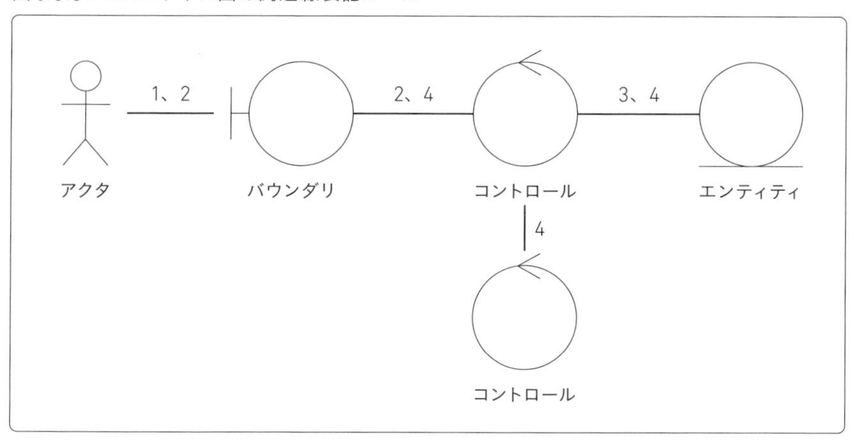

第5章

DFDからロバストネス図への移行

システム設計の初期段階でDFDを使用することはデータの流れや業務プロセスを理解するうえで有効です。しかし、開発の詳細設計や実装段階に進むにあたり、オブジェクト指向言語の採用が決まっている場合はどうでしょうか。システムの振る舞いや構造をより明確にするためにロバストネス図のようなオブジェクト指向の視点を設計に採り入れることで、より実装とのギャップを減らすことができます。DFDからロバストネス図へ移行することにより、システムの役割やデータの管理がより具体的にモデル化されて設計の精度を高めることが可能です。

ロバストネス図への移行の必要性とメリット

この本ではこれまでDFDの表現力と応用力の高さを語ってきましたが、DFDではカバーしきれず、ほかの手法を採り入れた方がよいケースもあります。それらは次のような点で顕在化します。

- **動作の詳細な記述の不足**
  DFDはデータの流れに焦点を当てているため、システム内の詳細な振る舞い（たとえば、エラーハンドリングや条件分岐）は明確に表現できない。DFDでは、その図の中に表現しきれない情報はプロセスのミニ仕様書などに記述することになる。一方、ロバストネス図は制御フローに関する要素を取り入れ、システムの動作を詳細に記述することができる
- **オブジェクト指向設計への移行**
  DFDは主にデータ処理の流れを描くための図である。しかし、現在のシステム開発ではオブジェクト指向設計が広く普及している。オブジェクト指向設計においてはオブジェクトやクラス、メッセージのやりとりが重要になる。ロバストネス図はオブジェクト指向設計の基本的な要素を取り入れているため、実装フェーズでの詳細な設計をサポートする
- **利害関係者とのコミュニケーション**
  システムの設計段階では開発者だけでなく、ユーザーやプロジェクトの利害関係者とのコミュニケーションが重要である。DFDは高いレベルでのデータの流れを理解するのに適しているが、システムがどのように動作するのか、あるいはどのように操作されるのかについてはそのモデルだけで表現することは難しく、ミニ仕様書のような付帯文書に頼ることとなる。ロバストネス図はシス

テムのインターフェースや内部処理を視覚化することで、より具体的な議論を可能にする

DFDからロバストネス図に移行することで、システム設計における次のようなメリットが得られます。

- **システムの役割分担の明確化**
  DFDはプロセスを中心にデータの流れを視覚化するが、ロバストネス図では「バウンダリ」「エンティティ」「コントロール」という3つの要素により、システム内の役割分担が明確に表現される。これによりシステムの構造や処理が整理され、開発者間の理解が統一されやすくなる
- **開発チームの意思疎通の円滑化**
  ロバストネス図はUMLと組み合わせて使用される、標準化された手法である[※13]。これにより開発チーム間で共通の理解を持つことができ、設計や実装に関する意思疎通が円滑になる。とくに大規模プロジェクトでは統一された表現方法を使うことで、誤解を減らし効率的な設計が可能になる
- **要件定義から実装へのスムーズな移行**
  DFDを使って業務フローやシステムのデータ処理を俯瞰(ふかん)的に把握した後、その内容をロバストネス図に落とし込むことで、具体的なシステム設計に移行しやすくなる。これにより要件定義と設計のギャップを埋め、開発がスムーズに進むようになる

ロバストネス図への移行プロセス

ロバストネス図の特徴、DFDの比較、DFDからロバストネス図へ移行することのメリットをここまで解説してきました。ここからは実際にDFDからロバストネス図へ移行する例を見ていき、具体的なイメージをつかんでみましょう。

システム概要

例として取り上げるのは予約管理システムです。このシステムはユーザーがオンラインで施設の予約を行い、管理者が予約情報を確認・承認するという基本機能を

※13　本節冒頭での解説のとおり、UML公式の14のダイアグラムには含まれてないため「UMLと組み合わせて使う」という形をとる。これはUMLの生みの親と呼ばれる3名のうちの1人であるイヴァー・ヤコブソンが提唱したモデリング手法で、UMLを用いたオブジェクト指向設計と非常に相性がよく、広く利用されている。

備えています。システム自体はシンプルですが、ユーザーインターフェース、予約データの管理、承認プロセスなど、システム内で複数の役割を持つ要素が連携して動作します。このようなシンプルなシステムであってもロバストネス図を活用することで各要素の役割やデータのやりとりが明確化され、システム設計が強固になります。

DFDでの設計

まずは予約管理システムをDFDで表現します。DFDではシステムのプロセス、データフロー、データストアおよび外部エンティティを視覚化し、システム全体のデータの流れを俯瞰(ふかん)的に捉えます。

登場する要素は次のように整理されます。

- **外部エンティティ：ユーザー、管理者**
- **プロセス：予約登録、予約参照、予約承認**
- **データストア：予約情報**
- **データフロー：ユーザーが予約データを登録し、管理者にて確認・承認するまでの一連のデータの流れ**

図5.3.9：予約管理システムのDFD

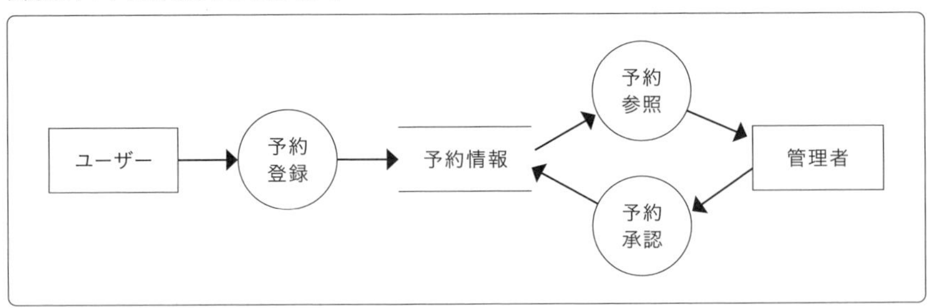

このDFDにより、予約システムの基本的なデータの流れが明確になりました。

ロバストネス図での設計

先ほどの「ロバストネス図とDFDの対応関係」に従って、DFDをロバストネス図に置き換えてみます。それぞれの要素は次の表のような対応関係になります。

表5.3.1：DFDとロバストネス図の対応関係

<table>
<tr><th colspan="2">DFD要素</th><th colspan="2">ロバストネス図要素</th></tr>
<tr><td rowspan="4">外部エンティティ</td><td rowspan="2">ユーザー</td><td rowspan="2">アクタ</td><td>ユーザー</td></tr>
<tr><td>管理者</td></tr>
<tr><td rowspan="2">管理者</td><td rowspan="2">バウンダリ</td><td>予約入力画面</td></tr>
<tr><td>予約参照・承認画面</td></tr>
<tr><td rowspan="3">プロセス</td><td>予約登録</td><td rowspan="3">コントロール</td><td>予約情報登録</td></tr>
<tr><td>予約参照</td><td>予約情報参照</td></tr>
<tr><td>予約承認</td><td>予約情報承認</td></tr>
<tr><td>データストア</td><td>予約情報</td><td>エンティティ</td><td>予約情報</td></tr>
</table>

便宜上、外部エンティティに対してアクタとバウンダリを対応づけていますが、これは実際のユースケースとDFD上から読み取れる外部エンティティとプロセス・データストアとの関連性から抽出されるものであるため、機械的に変換できないものです。

とはいえ、バウンダリはDFDの「外部エンティティ」と「プロセス」との間に介在するインターフェースであり、画面やAPIなどのインターフェースであることが大多数ですので、それほど難しい作業にはならないでしょう。

1つの画面には、別々に実装されるAPIを呼び出すボタンやリンクが含まれていることがあります。ロバストネス図の詳細度を上げていく際には、これらを別々のバウンダリで表現してもよいでしょう。

こうして変換した要素を「ロバストネス図表記上のルール」に従って関連線で接続したロバストネス図は次のようになります。

図5.3.10：予約管理システムのロバストネス図

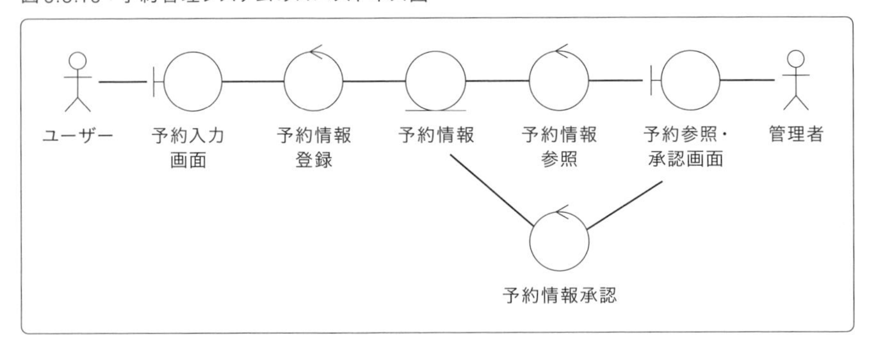

このようにして、DFDをロバストネス図に移行することができました。ここからはオブジェクト指向の世界のアプローチに従って、抽出された要素＝クラスからクラス図やシーケンス図といったUMLのモデルを作成し、設計をより詳細化していくことも可能になります。

DFDからロバストネス図に移行した段階でDFD上では表現されていた「データが流れる向き」という重要な情報が欠落することになります。なるべく早い段階でシーケンス図などを生成し、クラス・オブジェクト間の「メッセージ」として取り出すのか、送出するのかといった情報と併せて表現しておくとよいでしょう。

まとめ

DFDはオブジェクト指向設計・開発が広く普及する以前に提唱され使用されてきたという歴史的経緯もあり、「オブジェクト指向とは相いれないもの」とみなされがちです。一方で、DFDはオブジェクト指向の設計についての知識がない関係者も交えたコミュニケーションツールとして利用しやすいものとなっています。このギャップを埋める手段の一つとして、DFDを「ロバストネス図」へ変換することでオブジェクト指向設計への橋渡しを行うアプローチを紹介しました。

非オブジェクト指向設計・開発からITの世界に入った人にとってオブジェクト指向の世界は考え方のギャップが激しく、いわゆる「パラダイムシフト」が発生することになります。DFDからロバストネス図へ変換するアプローチはこうした発想の転換の補助となるでしょう。

ロバストネス図とMVCアーキテクチャ

UIを持つアプリケーション開発で広く用いられるものに「MVCアーキテクチャ」があります。このMVCアーキテクチャにしたがうと、処理／モデル(Model)・表示／ビュー（View）・入力伝達／コントローラ（Controller）の3要素に分割し、ソフトウェア内部データをユーザーが直接参照・編集する情報から分離することができます。

ロバストネス図の3要素「バウンダリ」「コントロール」「エンティティ」と、MVCの3要素「ビュー」「コントローラ」「モデル」は要素数も同じで名称も類似しているため、これをそのまま当てはめてしまいたくなります。しかし、これらの要素は似ているようで異なるため注意が必要です。

- **ロバストネス図の「バウンダリ」≠MVCの「ビュー」**
  ロバストネス図でユーザーからの入力を引き受けるのは「バウンダリ」だが、MVCでは「コントローラ」である。MVCにおける「ビュー」は、表示（出力）部分のみを担う
- **ロバストネス図の「コントロール」≠MVCの「コントローラ」**
  MVCにおける「コントローラ」はユーザーからのリクエストをモデルに渡したり、モデルの処理結果をビューに渡したりといった「ビューとモデルの橋渡し役」となる要素である。ロバストネス図ではビジネスロジックを「コントロール」が担うが、MVCで「コントローラ」にビジネスロジックを実装すると「コントローラ肥大化問題」を引き起こし、保守性が低下する。ビジネスロジックをコントローラ以外のどこで扱うべきかは長らく議論されているテーマであるが、「サービス層」を作成してこのサービス層が担うように実装する、といったアプローチが一つの有力な方法となる

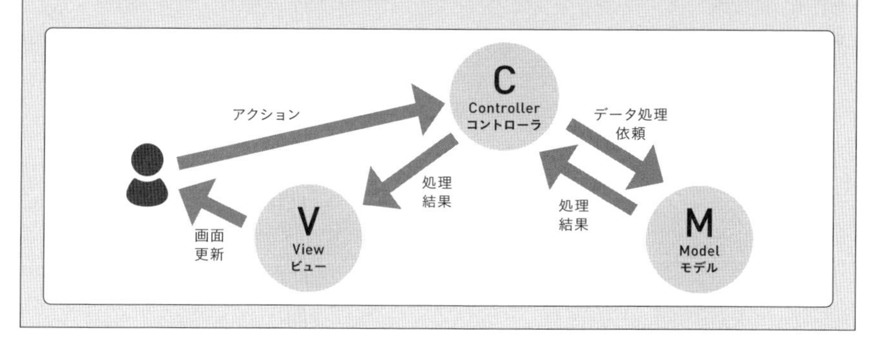

04 第5章のまとめ

第5章では、3つのテーマにDFDを応用する事例を紹介しました。

最初に、「特定の狭いテーマでもDFDで表現できる」という例として、SQLを取り上げました。次に、「DFDを設計・開発の流れとは別の軸で活用できる」という例として、セキュリティ分析・評価ステップの中での利用例を取り上げました。最後に、「考え方の転換の橋渡しに活用できる」という例として、DFDからロバストネス図へ転換してオブジェクト指向の世界へつなぐ利用例を取り上げました。

DFDの活用・応用の方法は、ほかにもたくさんあるはずです。読者の方のなかに、そうした応用の事例やアイディアをお持ちの方や、これからDFDを使っていくなかで新しい使い方を発見・発明した方がいらっしゃいましたら、ブログやSNSなどを通じて発信していただければと思います。

さいごに

本書を通じて、DFD（データフローダイアグラム）の基本的な概念から、実務での活用方法までを解説してきました。システム開発や業務改善の現場において、データや情報の流れを適切に捉えることは、よりよい仕組みを作るために不可欠です。DFDはそのための強力なツールであり、単なる図ではなく、業務の本質を整理し、関係者と共通認識を持つための手段です。

DFDを描くことで、一見複雑に見えるシステムや業務の流れをシンプルに整理できるようになります。本書を通じて学んだことを活かし、ぜひ実務の中でDFDを活用してみてください。システム開発だけでなく、業務改善やコミュニケーションの円滑化など、さまざまな場面でDFDの有用性を実感できるはずです。

DFDの本質は、データや情報がどのように流れ、どのように処理されるのかを明らかにすることにあります。システムに限らず、業務プロセスや組織内の情報の流れを整理する際にも非常に有効です。どのプロセスがどのデータを受け取り、どのように変換し、どこへ渡すのか。この流れを適切に把握することで非効率な点を特定し、改善の方向性を見いだせるのです。

また、プロセスには必ず「入力」と「出力」が存在し、それらを適切に整理・分析することが重要です。入力が不明確であれば、適切な出力を得ることはできませんし、逆に望ましい出力を得るためには、どのような入力が必要なのかを考える必要があります。DFDを活用することで、こうしたプロセスの関係を明確にし、システムや業務の最適化につなげることができます。

もちろん、DFDだけですべての課題を解決できるわけではありません。ER図やUMLなど、ほかのモデリング手法と組み合わせることで、より深く業務やシステムの設計を進めることが可能になります。それでも、DFDは「データがどこから来て、どこへいくのか」を直感的に理解しやすいツールであり、とくにシステム開発の初期段階での強力なコミュニケーションツールとなります。

最後に、本書を手にとっていただき、ここまで読んでくださったことに心から感謝いたします。DFDを学び、活用しようとする皆さんの取り組みが、よりよい業務プロセスやシステムの構築につながることを願っています。DFDを描くことは現場の課題を見つめ直し、よりよい未来をデザインすることでもあります。本書がその一助となれば幸いです。

2025年3月　松永 守峰

会員特典データのご案内

本書では、紙面の都合上、書籍本体の中では紹介しきれなかった「DFDと似て非なるものと、その関係性」「モデリングツール」を会員特典としてPDF形式で提供しています。

会員特典データは、以下のサイトからダウンロードして入手いただけます。

https://www.shoeisha.co.jp/book/present/9784798189338

※会員特典データのファイルは圧縮されています。ダウンロードしたファイルをダブルクリックすると、ファイルが解凍され、利用いただけます。

◉ 注意
※会員特典データのダウンロードには、SHOEISHA iD（翔泳社が運営する無料の会員制度）への会員登録が必要です。詳しくは、Webサイトをご覧ください。
※会員特典データに関する権利は著者および株式会社翔泳社が所有しています。許可なく配布したり、Webサイトに転載したりすることはできません。
※会員特典データの提供は予告なく終了することがあります。あらかじめご了承ください。
※図書館利用者の方はダウンロードをご遠慮ください。図書館職員の皆様には、ダウンロード情報（URL、アクセスキー等）を伏せる処理をしていただきますよう、お願い申し上げます。

◉ 免責事項
※会員特典データに記載されたURL等は予告なく変更される場合があります。
※会員特典データの提供にあたっては正確な記述につとめましたが、著者や出版社などのいずれも、その内容に対してなんらかの保証をするものではなく、内容やサンプルに基づくいかなる運用結果に関してもいっさいの責任を負いません。
※会員特典データに記載されている会社名、製品名はそれぞれ各社の商標および登録商標です。

Index

A〜Z

あ行

か行

さ行

Index

た行

な行

は行

ま行

や行

ら行

大嶋 和幸（おおしま かずゆき）
株式会社アクアシステムズ
SE、ITコンサルタントとしてCRM、HRM、BPRなどの各種案件に関与し、企画立案から設計、実装、試験、運用、保守を経験。その後、事業会社数社にて事業企画、管理会計、総務、社内情報システム担当など多岐にわたる業務に従事。アクアシステムズ入社後は、各種データベースの導入や移行、性能改善のコンサルティング、およびクラウドインフラ導入支援に携わる。

松永 守峰（まつなが もりお）
株式会社アクアシステムズ
オープンシステムの黎明期にはじめてリレーショナルデータベースに触れて以降、ソフトウェアベンダーのサポート技術者、大手メーカーのIT部門ではDBA、コンサルティングファームでのDBコンサルタントと立場を変えながらデータベースに関わる。アクアシステムズに入社後はパフォーマンス・チューニングを中心に多くのプロジェクトに携わる。また、近年は後進の育成にも力を入れている。

カバーイラスト、章扉イラスト、
キャラクターイラスト：湊川 あい
装丁デザイン：霜崎 綾子
DTP：富 宗治
編集担当：畠山 龍次

データフローダイアグラム

いにしえの技術がもたらすシステム設計の可能性

2025年4月28日　初版第1刷発行

著者　大嶋（おおしま） 和幸（かずゆき）、松永（まつなが） 守峰（もりお）
発行人　臼井 かおる
発行所　株式会社 翔泳社（https://www.shoeisha.co.jp）
印刷・製本　株式会社 加藤文明社

本書へのお問い合わせについては、002ページに記載の内容をお読みください。
造本には細心の注意を払っておりますが、万一、乱丁（ページの順序違い）や落丁（ページの抜け）がございましたら、お取り替えいたします。03-5362-3705までご連絡ください。

ISBN978-4-7981-8933-8
Printed in Japan